Felix R. Paturi
Die Geschichte vom Glas

Felix R. Paturi

DIE GESCHICHTE VOM

GLAS

AT Verlag Aarau · Stuttgart

Für Roswitha Bessinger

© 1986
AT Verlag Aarau/Schweiz

Umschlag: Dora Hirter, Kölliken
Gesamtherstellung: Grafische Betriebe Aargauer Tagblatt AG,
Aarau

Printed in Switzerland

ISBN 3-85502-261-5

INHALT

GLAS
EINE ERSTARRTE
FLÜSSIGKEIT

Von Lavaströmen, Mondvulkanen und Blitzröhren

Inmitten der bizarren Mondlandschaft des gigantischen Kilauea-Vulkankraters auf der Insel Hawaii öffnet sich das Feuerloch Halemaumau. Bis Anfang der fünfziger Jahre unseres Jahrhunderts brodelte darin ein 350 Meter weiter See aus glutflüssiger Lava, aus dem hier und da groteske Inseln erstarrten schwarzen Gesteins emporragten. Den See selbst bedeckte eine noch weiche Erstarrungshaut, die sich in Runzeln und Falten legte, wie die krustige Schwarte urzeitlicher Fabelechsen. Hin und wieder zerriss die schwimmende Haut und gab einen Blick auf die hellglühende Lava frei. Dort entwichen Gase und verbrannten mit gespenstisch leuchtenden Flammen. An manchen Stellen erhoben sich von Zeit zu Zeit kochende Lavasprudel als mehrere Meter hohe feurige Dome, in denen grosse Gasblasen zerplatzten und Tropfen der dünnflüssigen Gesteinsschmelze weit fort schleuderten. In der Luft erstarrten sie zu langen Fäden, die der Wind in der Umgebung zusammenwehte. Peles Haare nennt der Hawaiianer diese wie dunkle Seide glänzenden zerbrechlichen Gebilde.

Pele ist in der Mythologie Hawaiis die unberechenbare Göttin des Feuers, des Vulkans. Sie wohnt von alters her in dem Feuerloch Halemaumau und war seit undenklichen Zeiten mit dem hübschen, aber neckischen Schweinegott Kamapuaa verfeindet. Dieser nämlich schüttete von Zeit zu Zeit Meerwasser in die glühende Grube der Göttin oder löschte ihre zornigen Feuerausbrüche mit schweren Regengüssen. Später schlossen die beiden Frieden, heirateten einander sogar und lebten eine Zeitlang glücklich miteinander. Doch die Ehe scheiterte schliesslich an Peles hitzigem Temperament. Zwietracht kam auf und steigerte sich zum erbitterten Kampf. Als Pele die Götter des Po, der dunklen Unterwelt, zur Hilfe rief, floh Kamapuaa in Gestalt des Fisches Humu-humu-nuku-nuku-a-puaa, der eine so dicke Haut hat, dass er auch in von glutflüssiger Lava bis zum Kochen erhitztem Wasser noch leben kann. Lange Zeit hatte der Schweinegott seine Gattin Pele besänftigt, auf diese Weise die Inselbewohner vor ihren feurigen Launen geschützt und durch milde Regen den Feldern der Bauern Fruchtbarkeit geschenkt. Nach der Trennung der beiden Götter mussten die Priester Pele versöhnlich stimmen. Sie versuchten es durch regelmässige Opfergaben, indem sie Inkarnationen Kamapuaas, also Schweine oder Humu-humu-nuku-nuku-a-puaa-Fische in das Feuerloch der Göttin warfen. Auch die Gebeine ihrer Toten brachten manche Hawaiianer der gefürchteten Göttin dar. Und noch in den fünfziger Jahren warfen ältere Einheimische gelegentlich Lebensmittel in den brodelnden Halemaumau-Krater. Bis 1986 war das Feuerloch still. Die Göttin schien zu schlafen. Dann wurde sie wieder aktiv, und wieder finden sich ihre erstarrten, seidigen dunklen Haare.

Peles Haare sind nichts anderes als feine Glasfäden. Die Vulkangöttin verstand sich nämlich auf die Kunst des Glasmachens schon Jahrmilliarden bevor der Mensch sie erlernte oder durch Zufall entdeckte. Glas ist schliesslich nichts anderes als ein Gestein, das durch Abkühlung so schnell aus einer homogenen Schmelze entstand, dass seine einzelnen Bestandteile keine Zeit hatten, zu kristalli-

Seite 9
Bims ist vulkanisches Schaumglas. Auf der Insel Lipari wird er kommerziell abgebaut.

sieren. Glas ist eine erstarrte Flüssigkeit, in die allenfalls versprengt winzig kleine Kristalle eingebettet sind. Im Fall der Haare der Göttin Pele ist der Glasbildungsprozess besonders leicht einzusehen: Die hochgeschleuderten hauchdünnen flüssigen Lavaspritzer kühlen in der Luft so rasch ab, dass ihre Moleküle gar keine Zeit haben, sich zu geordneten Kristallgittern zusammenzufinden. Das erstarrte Haar besitzt also noch exakt dieselbe Mikrostruktur wie die Schmelze selbst. Die Wissenschaftler sprechen deshalb auch von einer unterkühlten Schmelze und betrachten Glas nicht eigentlich als Festkörper, sondern als eine überaus zähe, eine «starre» Flüssigkeit. In der Tat fliesst Glas sogar, allerdings extrem langsam. Man hat uralte Fensterscheiben sehr präzise vermessen und dabei festgestellt, dass sie unten geringfügig dicker waren als oben. Im Laufe der Jahrzehnte und Jahrhunderte war aber ein Teil ihrer Substanz nach unten geflossen.

In der vom Menschen unberührten Natur bildet sich Glas immer dort, wo Gesteine schmelzen und dann sehr rasch erstarren, in erster Linie also bei Vulkanausbrüchen. Dabei braucht das entstandene Glas keineswegs immer so fein zu sein, wie Peles Haare. Auf Hawaii sind auch Peles Tränen bekannt, kleine in der Luft erstarrte Lavatropfen. An vielen Stellen der Welt sind komplette Lavaströme zu kompaktem schwarzem Glas erstarrt. Die berühmten Rocche Rosse, die «Roten Felsen» der süditalienischen Insel Lipari, sind ein bizarrer, äusserst eindrucksvoller Glasfluss von sicher 100 Metern Mächtigkeit und mehr als

Obsidian – vulkanisches Glas an den Rocche Rosse auf der süditalienischen Insel Lipari.

10

zwei Kilometern Länge. «Der Anblick ist so, als ob man eben einen Pfefferkuchenteig aus einer geneigten Porzellanschüssel hat ausfliessen lassen», notierte die Gattin des Schweizer Gesteinsforschers Prof. Dr. Erwin Nickel 1964 in ihrem Tagebuch. Interessanterweise besteht auch die «Porzellanschüssel», von der Frau Nickel schreibt, aus vulkanischem Glas. Es ist ein 1,5 km weiter Kraterwall aus gleissend weissem Bimsstein. Wer irgendwo an Italiens Westküste einmal seine Ferien verbracht hat, kennt dieses leichte poröse Gestein, denn es schwimmt auf dem Wasser, und faustgrosse Stücke davon treiben bis hinauf in den Golf von Genua. Schuld an dieser Verbreitung im ganzen Tyrrhenischen und Ligurischen Meer ist die Liparische Bimsindustrie. Jährlich gewinnen rund 4000 Bergleute teils im Tagebau, teils in Stollen über 200 000 Tonnen dieses vulkanischen Schaumglases. Die Bauindustrie, die Kunstharz-, Seifen-, Aluminium- und Papierindustrie benutzen das Material teils als Zuschlagstoff, teils als Glättungs- und Poliermittel. Grosse Stücke fanden früher unmittelbar als leichter und zugleich stabiler Baustoff Verwendung. Die Kuppel der Hagia Sofia in Istanbul besteht beispielsweise aus Bims.

Ist heute der weisse vulkanische «Glasschwamm» aus Lipari ein begehrter Exportartikel, so war es in vorgeschichtlichen Zeiten sein kompaktes schwarzes Gegenstück: der Obsidian. In der Jungsteinzeit wurde Obsidian aus Lipari und von der griechischen Vulkaninsel Milos im gesamten Mittelmeerraum und bis weit in die Sahara hinein gehandelt. Das überaus scharfkantige Glas eignete sich nämlich hervorragend – viel besser noch als Feuerstein – zur Herstellung von Messern, Schabern und kleinen Pfeilspitzen.

Der schwarze, harte Obsidian, der die Rocche Rosse und viele andere rasch erstarrte

Lavaflüsse – etwa auf Teneriffa, Island oder Hawaii – aufbaut, unterscheidet sich erstaunlicherweise trotz seines total andersartigen Aussehens chemisch vom Bims überhaupt nicht. Wer Obsidian mit dem Bunsenbrenner bis fast zu seinem Schmelzpunkt erhitzt, hält danach den Beweis dafür buchstäblich in Händen: Schlagartig bläst sich das schwarze Glas zu schaumigem weissem Bims auf. Dass in der Natur beide Formen nebeneinander vorkommen, hat physikalische Gründe. Erstarrt die Gesteinsschmelze unter Druck – und sei es nur das Eigengewicht des Lavaflusses – oder ist sie schon beim Ausstoss sehr zäh, dann kann das in ihr gelöste Gas nicht entweichen. Wird die flüssige Lava aber in kleinen Fetzen aus dem Vulkanschlund geschleudert, dann kann sie schäumen wie der Inhalt einer frisch geöffneten Bierflasche. Dieser Schaum erstarrt zu Bims.

Die meisten Naturgläser sind vulkanischen Ursprungs: Neben Bims und Obsidian gehören auch die kugelförmigen Perlite dazu und der sogenannte Pechstein, der im Grunde nichts anderes als ein besonders alter, rissiger und mit der Zeit durch Wasseraufnahme graubraun gewordener Obsidian ist. Aber es gibt auch andere Mechanismen, die in der Natur zur Glasbildung führen. Voraussetzung ist natürlich immer, dass Gestein erst schmilzt und dann sehr rasch wieder erstarrt. Das verlangt thermische Energien, die aber keineswegs immer vulkanischer Natur sein müssen. Blitze können sie ebenfalls liefern. Und in der Tat entsteht Glas, wenn ein Blitz in das geeignete Material einschlägt: in Quarzsand. Rund einen Meter weit kann sich ein kräftiger Blitz regelrecht in eine Sanddüne hineinbohren und dabei ein schlangenförmig gewundenes «Bohrloch» aufschmelzen. Wenn die Masse wieder erstarrt, bleibt eine Glasröhre von etwa zwei Zentimetern Durchmesser zurück. Ful-

gurite («fulgur» ist lateinisch «Blitz») nennen die Petrologen diese Blitzröhren.

Die notwendige Schmelzwärme können schliesslich auch grössere Meteoriten liefern, die mit hoher Geschwindigkeit auf die Erde aufschlagen. Dabei entstehen Einschlagkrater von manchmal mehreren Kilometern Durchmesser. Am Kraterboden und Kraterrand bilden sich dann obsidianartige Gläser, durch die Einschlagwucht aufgeschmolzenes und rasch wieder erstarrtes Gestein. In Fachkreisen berühmt wurden die Impaktgläser aus dem gewaltigen Meteorkrater des Ries in Süddeutschland.

Ausgesprochen rätselhaft waren für die Gesteinswissenschaftler lange Zeit die sogenannten Tektite, und es ist nicht einmal sicher, ob ihr Geheimnis heute wirklich gelüftet ist. Tektite sind wenige Gramm schwere, oft recht bizarr geformte Glaskörperchen. Sie können fast schwarz sein, rötlich oder flaschengrün oder auch hell honigfarben. Sie können aussehen wie kleine Hanteln, sie können birnenförmig sein, eiförmig oder kugligen Knöpfen mit wulstigen Rändern gleichen, oder sie besitzen eine völlig zerklüftete Oberfläche. Nicht all diese sehr verschiedenartigen Tektite finden sich am selben Platz. Jede Art hat ihr bestimmtes Vorkommen, nach dem sie dann auch von den Wissenschaftlern benannt ist. So gibt es etwa in Böhmen und Mähren, im Stromgebiet der Moldau also, die Moldavite, in Australien und im westlich angrenzenden Ozean die Australite, in Südostasien die schwarzen Indochinite und die Philippinite, die auch Rizalite heissen. In Nordafrika kommen das Libysche Wüstenglas und das mauretanische Aouelloul vor, im Umfeld der Stadt Irgiz im russischen Kasachstan gibt es Irgisite, in Mittelamerika Georgia-Tektite, Bediasite und so weiter. Innerhalb ihrer Fundgebiete gleichen sich die Tektite erstaunlich, und den

Wissenschaftlern ist es sogar gelungen, recht genau das Alter der jeweiligen Arten zu bestimmen. Die Australite beispielsweise sind 750 000 Jahre, die Moldavite 15 Millionen, und das Libysche Wüstenglas ist sogar 28 Millionen Jahre alt.

Weil die Tektite ein und desselben Fundgebiets oft über mehrere tausend Kilometer gestreut vorkommen, hielt man sie zunächst für Meteorite, die aus den Fernen des Weltalls in regelrechten Schauern auf die Erde niedergefallen sind, zumal sie sich in ihrer chemischen Zusammensetzung stets erheblich vom umgebenden Gestein unterschieden. Aber diese Hypothese erwies sich als falsch, denn ein Hagel kleiner Teilchen, der seinen Ursprung ausserhalb des Sonnensystems hat, könnte nicht so scharf gebündelt sein, dass er nur auf ein Gebiet von einigen tausend Kilometern oder weniger auftrifft. Er würde sich gleichmässig über eine ganze Erdhalbkugel verteilen. Also suchte man den Ursprung der Tektite auf der Erde selbst. Auch sie könnten schliesslich vulkanischer Herkunft sein. Berechnungen zeigten aber, dass aufgrund physikalischer Gesetze kein noch so kräftiger Ausbruch die Teilchen weit genug fortschleu-

Tektite – die Wissenschaftler halten sie heute für vulkanisches Glas vom Mond.
Von links nach rechts: 1. Reihe: Darwin-Glas (Tasmanien), Steinzeitwerkzeug aus Libyschem Wüstenglas (Ägypten), Moldavit (Böhmen, Mähren); 2. Reihe: Indochinit (Thailand), Rizalit (Philippinen), Australit (Südaustralien).

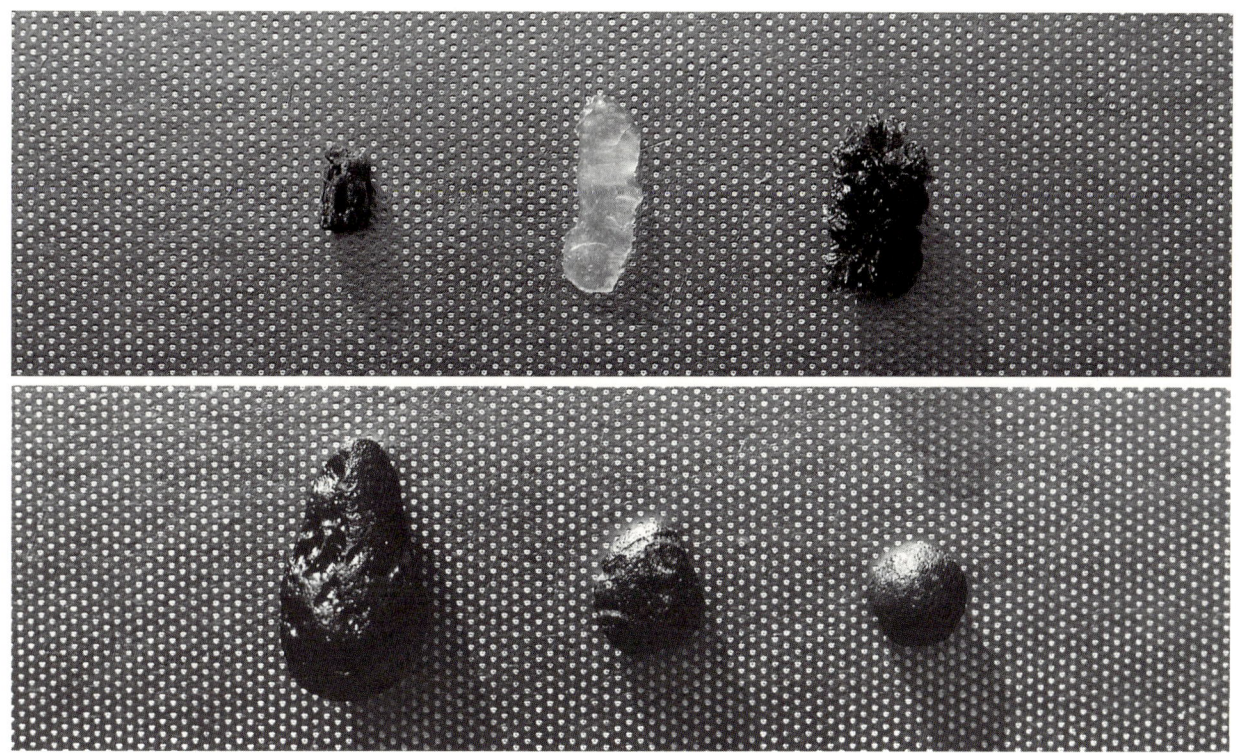

dern kann, um die ausgedehnten Fundgebiete zu erklären. Ausserdem entspricht die Zusammensetzung der Tektite keinem einzigen der bekannten vulkanischen Gläser. Sie sind chemisch viel eher mit sandigem Sedimentgestein verwandt. Das führte zu einer weiteren Hypothese: Ein riesiger Meteor sollte solche Sedimente bei seinem Auftreffen auf die Erde aufgeschmolzen und einzelne Spritzer aberhunderte Kilometer weit fortgeschleudert haben. Diese Auffassung findet sich auch heute noch vielfach als Erklärung der Tektite, selbst in naturwissenschaftlichen Fachlexika. Doch auch sie ist falsch, wie Mathematiker inzwischen herausgefunden haben. Einmal gibt es auf der Erde nur sehr wenige Riesenmeteorkrater, die als Ursprungsgebiete für Tektite in Frage kämen, vor allem aber müsste die Startgeschwindigkeit der fortgeschleuderten flüssigen Gesteinsfetzen wenigstens sechs Kilometer pro Sekunde betragen haben, und das lässt sich allenfalls erreichen, wenn der jeweilige Meteor aus Antimaterie bestanden und bei seinem Aufschlag eine unvorstellbar gewaltige Kernexplosion ausgelöst hätte. Dieser Erklärungsversuch lässt sich zwar nicht gänzlich widerlegen, aber ein Grundprinzip der Naturwissenschaftler ist es, von mehreren möglichen Hypothesen zunächst die unwahrscheinlichsten auszuklammern. Noch bleiben nämlich zwei Erklärungsversuche übrig, die auf weitaus wahrscheinlichere Ereignisse zurückgreifen. Beide gehen davon aus, dass die Tektite von einem Ursprungsgebiet innerhalb des Sonnensystems stammen. Die eine erwies sich rasch als falsch: Sie unterstellte, dass Meteore Material aus der Oberfläche eines Planeten oder unseres Mondes herausschlugen und es auf die Erde schleuderten. Rechnungen haben gezeigt, dass die maximal mögliche Startgeschwindigkeit der Teilchen nicht ausreichen würde, um sie aus dem jeweiligen Schwerkraftfeld herauskatapultieren zu können. Die zweite Hypothese geht von vulkanischen Quellen im Sonnensystem selbst aus. Nun weiss man, dass Vulkane ihre Teilchen mit maximal doppelter Schallgeschwindigkeit auswerfen können. Im heissen Wasserdampf der Vulkanschlote wären das rund 700 Meter pro Sekunde. Das aber genügt auf keinem Planeten zur Überwindung der Schwerkraft. Anders verhält es sich nur auf dem Mond. Erstens ist die Anziehungskraft des Erdtrabanten verhältnismässig klein, zum anderen gibt es auf dem Mond kein Wasser und deshalb auch keinen Wasserdampf in Vulkanschloten. Treibendes Gas müsste hier reiner heisser Wasserstoff sein, und in diesem Gas liegt die doppelte Schallgeschwindigkeit bereits über 2,5 Kilometern pro Sekunde. Von einem Mondvulkan ausgestossene Gesteinsschmelzen können deshalb durchaus das Schwerefeld des Mondes verlassen und zur Erde fliegen. Sie würden – von der Erdanziehung beschleunigt – mit 11,2 Kilometern pro Sekunde durch die Atmosphäre unseres Planeten fliegen. In einem Luftstrom von genau dieser Geschwindigkeit nahmen aber geschmolzene Glaskugeln in Laborversuchen des amerikanischen Raumforschers Dean R. Chapman exakt die Formen an, die von den Australiten her bekannt sind. Als die Apollo-Mond-Missionen 12 bis 14 der NASA schliesslich Granitproben und glasiges Material vom Erdtrabanten heimbrachten, war damit auch die Feststellung, dass sich deren Zusammensetzung bis ins Detail kaum von jener der Tektite unterscheidet, kaum noch eine Überraschung. Naturglas auf der Erde, so gilt heute als äusserst wahrscheinlich, kann also auch vom Mond stammen, vorausgesetzt, dort gab es zur Zeit des letzten bekannten Tektitenschauers, also vor 750 000 Jahren, als auf der Erde schon frühe Menschen der Art Homo erectus lebten, noch aktiven Vulkanismus. Wie den Obsidian verwendeten die Steinzeitmenschen vor 15 000 bis 20 000 Jahren übrigens auch die Tektite zur Herstellung scharfer Kleinwerkzeuge und sorgfältig gearbeiteter Pfeilspitzen.

So machte sich der Mensch das Glas als Werkstoff nutzbar, viele Jahrtausende, bevor er lernte, es selbst herzustellen.

Steckbriefe

Paul Scheerbart, Phantast, Literat, Wegbereiter des Dadaismus und des Surrealismus und unermüdlicher Vorkämpfer einer neuen Transparenz in der Architektur durch Glas, Glas und nochmals Glas, fasste seine Liebe zu dieser starren Flüssigkeit so:

«Kein Material überwindet so sehr die Materie wie Glas. Von allen Stoffen, die wir haben, wirkt es am elementarsten. Es spiegelt den Himmel und die Sonne, es ist wie lichtes Wasser, und es hat einen Reichtum der Möglichkeiten in Farbe, Form, Charakter, der wirklich nicht zu erschöpfen ist und der keinen Menschen gleichgültig lassen kann.»

Was der dichterische Mensch «Reichtum der Möglichkeiten» nennt, bezeichnet der Chemiker als «eine kaum überschaubare Zahl von Stoffen verschiedenster Zusammensetzung, die sich im glasigen Zustand befinden». In der Tat verwendet die moderne Glasindustrie heute über 50 verschiedene chemische Elemente beim Erschmelzen Tausender verschiedener Glasarten; das sind rund 60 Prozent aller in der Natur überhaupt vorkommenden chemischen Grundsubstanzen. Bezeichnend dafür, ob ein Körper Glas ist oder nicht, ist also nicht seine Zusammensetzung, sondern sein Zustand. Kühlt eine Gesteinsschmelze langsam ab, dann wird sie dabei im-

mer zähflüssiger. Irgendwann, vielleicht wenn sie so sirupartig dick ist wie Honig, finden sich ihre Moleküle zu Kristallverbänden zusammen, und bei weiterem Abkühlen erstarrt die Masse ziemlich rasch. Nicht so bei den Glasschmelzen. Ihre Moleküle sind schon im dünnflüssigen Zustand locker miteinander vernetzt, und diese Bindungen müssen erst aufbrechen, bevor sich Kristalle bilden können. Das ist deshalb praktisch unmöglich, weil die Bindungen sich erst bei Temperaturen lösen würden, bei denen aber die Schmelze schon extrem zähflüssig, also praktisch erstarrt ist. Noch ist sie zwar plastisch, etwa wie feuchte Tonerde, beim weiteren Abkühlen wird sie aber rasch so spröde, wie das vom Glas bekannt ist.

Nicht jede Schmelze lässt sich freilich derart unterkühlen, ohne dabei zu kristallisieren. Im allgemeinen setzt nämlich die Kristallbildung schon ein, solange die Masse noch relativ dünnflüssig ist. Einige chemische Stoffe aber neigen besonders zur Glasbildung. In erster Linie sind das die Sauerstoffverbindungen (also die Oxide) von Silicium, Bor, Germanium, Phosphor und Arsen. Bei besonders rascher Abkühlung der Schmelze eignen sich auch Verbindungen von Schwefel und Selen mit Metallen und in speziellen Fällen sogar reine Metallegierungen als Glasbildner. Diesen Stoffen lassen sich die verschiedensten Zusätze beimischen, ohne dass sie ihre Fähigkeit, zu unterkühlter Schmelze zu erstarren, verlieren. Dem Glasmacher gibt das die Möglichkeit zum Experimentieren, denn Art und Menge der Zuschlagstoffe bestimmen im weitesten Rahmen die physikalischen und chemischen Eigenschaften der Gläser: ihre Härte, ihre Temperaturresistenz, ihre Transparenz und Lichtbrechung, ihre Farbe usw. Manche optischen Spezialgläser sind heute aus bis zu 20 untereinander wohl abgewogenen ver-

schiedenen Substanzen erschmolzen. Weil ausserdem die Einhaltung eines bestimmten Temperaturverlaufs bei der Glasherstellung die Eigenschaften des Produkts beeinflusst, sind diesem kombinierten Spiel mit unterschiedlichen Materialien und verschiedenen thermischen Erstarrungsbedingungen kaum Grenzen gesetzt. Deshalb kennt Glas den Reichtum der Möglichkeiten in Farbe, Form und Charakter, von dem Paul Scheerbart spricht.

Glasmachen mag zwar eine äusserst komplexe Wissenschaft sein, der weitaus grösste Anteil industriell hergestellter Gläser gehört aber einer relativ gleichartig zusammengesetzten Gruppe von Gläsern an, den sogenannten Kalknatrongläsern. Bis ins 18. Jahrhundert hinein waren andere Glasarten sogar so gut wie unbekannt. Hauptbestandteil der Kalknatrongläser ist reiner Quarzsand, chemisch gesehen also Siliciumdioxid. Er macht 71 bis 75 Prozent der Masse aus. Dazu kommen 12 bis 16 Prozent Natron (Natriumdioxid) und 10 bis 15 Prozent gebrannter Kalk (Calciumoxid). Unsere Vorfahren haben einfach Sand, Soda (Natron), Pottasche und Kalk verwendet. Dazu kommen einige Prozent anderer Stoffe, zum Beispiel metallische Farben. Diese Kalknatrongläser sind gut lichtdurchlässig und zeichnen sich durch glatte, porenfreie Oberflächen aus. Zudem sind sie billig. Deshalb finden sie etwa als Flaschen, preiswerte Trink-

gläser, Konservengläser oder Fensterscheiben Verwendung.

Ersetzt der Glasmacher einen Grossteil des Calciumoxids durch Bleioxid, dann entsteht Kristallglas (bis 18 Prozent Bleioxid) oder Bleikristallglas (18 bis 36 Prozent Bleioxid). Solche Gläser enthalten manchmal auch noch andere Metalloxide. Weil sie sich durch besonders hohe Lichtbrechung auszeichnen, eignen sie sich hervorragend für kunsthandwerkliche Verzierungen durch Schleifen. Teure Trinkgläser, Vasen, gediegene Aschenbecher und andere gläserne Ziergegenstände bestehen aus ihnen.

Ein dritter weitverbreiteter Glastyp sind die Borosilicatgläser. Ihr Quarzanteil liegt bei 70 bis 80 Prozent. Und neben nur 4 bis 8 Prozent Natrium- oder Kaliumoxid enthalten sie 7 bis 13 Prozent Bortrioxid und 2 bis 7 Prozent Aluminiumoxid. Diese Gläser haben chemische Laboratorien, die Industrie- und Beleuchtungstechnik und den Haushalt gleichermassen erobert, denn sie sind sehr widerstandsfähig gegen Chemikalien und Tempera-

Seite 16
Das «Gemenge», aus dem sich Bleikristallglas zusammensetzt.

Seite 17
Typisch für die starre Flüssigkeit Glas ist der muschelige Bruch.

17

turschocks. Aus ihnen fertigt die Industrie Reagenzgläser und Retorten, grosse Chemieanlagen, Medikamentenampullen und Injektionsspritzen, Glühlampen, Backformen und «feuerfestes» Geschirr.

Kalknatrongläser, Bleigläser und Borosilicatgläser machen heute nicht weniger als 95 Prozent der gesamten industriellen Glasfertigung aus. Die schier unvorstellbare Vielfalt von Spezialgläsern, etwa für optische Zwecke, für die Elektronikindustrie, die Nukleartechnik und verschiedenste wissenschaftliche Anwendungen, umfasst dagegen nicht mehr als fünf Prozent. Ihr chemischer Aufbau lässt sich in kein Schema pressen. Er kann sehr unterschiedlich sein. Von einigen besonders spektakulären Vertretern dieser Glasgattung wird später noch die Rede sein.

So grob die Zusammensetzung der hauptsächlichen Glastypen auf den ersten Blick erscheinen mag – da gibt es Angaben wie «ca. 71 bis 75 Prozent Sand» –, so sehr steckt der Teufel im Detail. Zwar besteht fast die Hälfte der festen Erdoberfläche aus Quarzsand (Siliciumdioxid), doch Sand ist längst nicht gleich Sand. Schon ein Anteil von 0,1 Prozent Eisenoxid (der Sand wirkt dann gelblich oder rötlich) macht den Rohstoff selbst für anspruchsloses Fensterglas unbrauchbar. Aus solchem Sand erschmolzenes Glas wäre deutlich grün. Die weitaus höheren Anforderungen, die etwa optische Gläser stellen, schalten schon Quarzsande aus, die auch nur im Verhältnis 1 zu 100 000 mit Eisenoxid verunreinigt sind. Und die erlaubten Beimengungen an anderen färbenden Metalloxiden, etwa von Chrom, Kupfer, Nickel oder Kobalt, sind noch weitaus geringer. Sande derart hoher Reinheit kommen nur an sehr wenigen Stellen der Erde vor. Und auch sie müssen vor der Verarbeitung zu Glas noch zusätzlich chemisch gereinigt werden.

Soda, Glaubersalz oder Pottasche wird dem Quarzsand beigemischt, um seinen relativ hohen Schmelzpunkt von über 1700 °C um mehr als 500 Grad herabzusetzen. Beim Erhitzen entweichen aus diesen «Flussmitteln» Kohlendioxid- oder Schwefeldioxidgas, und die zurückbleibenden Natrium- oder Kaliumoxide gehen in die Schmelze ein. Soda und Glaubersalz kommen in der Natur vor, Pottasche gewann man früher aus Laugen von Holzasche in grossen Pötten. Heute stellt man diese Flussmittel industriell her. Den Kalk schliesslich, der die Härte des Glases und seine chemische Widerstandsfähigkeit erhöht, liefert die Natur reichlich als Kalkstein, Marmor oder Kreide. Auch der Dolomit eignet sich, in dem ein Teil des Calciums durch Magnesium ersetzt ist.

Neben anderen Zusätzen, wie Tonerde (Aluminiumoxid), Bleioxid, Schwerspat (Bariumcarbonat) oder Borverbindungen, mischen die Glashütten Metalle als Färbungsmittel in den sogenannten «Glassatz», also das Gemenge, aus dem die Schmelze bereitet wird. Kupfer beispielsweise ergibt schwach blaues Glas, Chrom färbt das Glas grün oder gelb, Mangan und Titan violett, Kobalt intensiv blau, rosa oder grün, Eisen gelbbraun oder braungrün, Nickel je nach Zusammensetzung der Schmelze graubraun, gelb, grün, blau oder violett. Zusätze von Flussspat oder ähnlichen Mineralien liefern trübe Gläser wie Opal- oder Milchglas. Dass schliesslich in den Glassatz auch bis zu 100 Prozent Glasscherben gemengt werden, hat zwei Gründe: Einmal lassen sich auf diese Weise Altglas und Produktionsabfälle wieder verwenden, zum anderen aber wirken Glasscherben als Flussmittel. Sie beschleunigen das Schmelzen des Sandes, und das hilft erheblich Energie sparen. Fällt in der eigenen Fertigung nicht genügend Glasbruch an, dann kommt es vor, dass eine Glashütte sogar vorsätzlich Scherben produziert oder Altglas von einer Abfallbörse zukauft.

Ist der Glassatz gut vermengt, dann kommt er in den Schmelzofen. Für kleinere Mengen verwenden die Glasmacher auch heute noch die früher ausschliesslich üblichen Tiegel- oder Hafenöfen, in denen sechs bis zwölf grosse Schamottegefässe je 100 bis 2000 Kilogramm Schmelze aufnehmen. Grössere Anlagen sind heute als sogenannte Wannenöfen aufgebaut, bei denen die Schmelzwanne fest mit dem Ofen verbunden ist. Kleine Wannen werden täglich neu beschickt und erschmelzen in 24 Stunden etwa zehn Tonnen Glas. Grosse Wannen, sogenannte Dauerwannen, sind normalerweise 10 bis 40 – ausnahmsweise sogar bis zu 100 – Meter lang und arbeiten kontinuierlich. Sie nehmen einige hundert, im Extremfall sogar 2500 Tonnen flüssiges Glas auf und bleiben heute fünf bis acht Jahre lang in Betrieb, während die typische Lebensdauer von Schmelztiegeln oder Häfen nur bei zwei oder drei Monaten liegt.

Der Schmelzprozess verläuft in drei Phasen: Während der *Rauhschmelze* wird das Gemenge bei Temperaturen von 1000 bis 1200 °C zunächst einmal verflüssigt. Dabei geben vor allem die Flussmittel, also etwa die Soda, das Glaubersalz oder die Pottasche, grosse Gasmengen ab, die durch einen Kamin entweichen. Pro Liter Kalknatronglas werden beispielsweise rund anderthalb Kubikmeter Kohlendioxid- und Schwefeldioxidgas frei. Zugleich sackt das Gemenge stark in sich zusammen, denn die Hohlräume zwischen den Sandkörnern füllen sich. Das Volumen nimmt auf rund ein Drittel ab, und neuer Glassatz muss nachgefüllt werden, um den Hafen mit Schmelze zu füllen.

Der Rauhschmelze folgt bei Temperaturen über 1200 °C die *Läuterung*. Dabei wird die Schmelze durch gründliches Mischen ihrer Bestandteile homogen. Zugleich entweichen eingeschlossene Gasblasen. Dieser Prozess lässt sich durch gasabgebende Verbindungen wie Arsenpentoxid oder Glaubersalz oder durch direktes Einleiten von Wasserdampf, Sauerstoff, Stickstoff oder Luft durch den Wannenboden beschleunigen. Die grösseren Gasblasen nehmen die Gasreste in der Schmelze beim Aufsteigen mit und befördern sie an die Oberfläche. Soll das Glas – etwa für optische Anwendungen – besonders homogen sein, dann helfen in der Läuterung auch Rührwerke beim Homogenisieren.

Dem Läutern folgt schliesslich das *Abstehen* bei 900 bis 1200 °C. Winzige noch übriggebliebene Gasbläschen lösen sich jetzt in der Schmelze wieder auf, verschwinden also.

Im Hafenofen spielen sich die drei Schmelzphasen zeitlich nacheinander ab. Das geschieht über Nacht. Bei Tag kann die geläuterte und abgestandene Schmelze dann verarbeitet werden. In Wannenöfen verläuft der Prozess kontinuierlich: An einer Seite wird fortlaufend Glassatz eingefüllt, an der anderen die fertige Schmelze entnommen.

Die Aufgabe der Glasmacher ist erfüllt. Der Vielfalt der verschiedenen Gläser, die sie liefern, verleiht jetzt eine noch viel grössere Vielfalt von Verarbeitungsmethoden zehntausendfach Gestalt. So war es zur Zeit der ersten ägyptischen Glasperlen, so entstanden die berühmten venezianischen Gläser, so fertigen moderne Industrieunternehmen Fernsehröhren, Feuerschutzgläser, Überzüge künstlicher Hüftgelenke, riesige Fensterscheiben, gewaltige chemische Destillationskolonnen, Lasergläser oder Weltraum-Teleskope, die die Fernen des Alls erschliessen helfen. Eine Welt aus Glas tut sich auf, die Zeit und Raum transparent werden lässt, die, wie der Dichter Scheerbart sagt, die Materie überwindet, wie kein anderes Material.

Glasmacher vor dem Schmelzofen.

VON
GLASMACHERN
GLASBLÄSERN
UND
GLASSCHLEIFERN

Glasperlen und Sandkerngefässe

In einem der ersten Jahre unserer Jahrhunderts entdeckte ein gewisser Herr Rathgen in der ägyptischen Abteilung des Berliner Museums einen kleinen Sprung an einer ungefähr 5400 Jahre alten grünlichen Perle. Der neugierige Wissenschaftler machte sich das zunutze. Er sprengte ein winziges Stückchen von der Perle ab und analysierte es mikroskopisch und chemisch. Das Untersuchungsergebnis war eine kleine Sensation: Die Perle bestand nicht, wie bisher vermutet, aus Quarz, sondern aus Glas, genauer gesagt, aus Kalknatronglas! Damit war nicht nur bewiesen, dass es die Bewohner Ägyptens schon in der Jungsteinzeit verstanden, Quarz zum Schmelzen zu bringen, damit war zugleich auch der römische Literat und Universalgelehrte Plinius der Ältere überführt, beim Schreiben seiner Naturgeschichte ein Opfer der Phantasie geworden zu sein. Er nämlich erklärte phönizische Kaufleute zu Erfindern des Glases. Die Phönizier lieferten zwar besonders im ersten vorchristlichen Jahrtausend kunstvolle Gegenstände aus Glas in den ganzen Mittelmeerraum und darüber hinaus, aber das war einerseits lange nach der frühen ägyptischen Glasperle, und zum anderen sind die Details, die Plinius über die angebliche Erfindung der phönizischen Kaufleute erzählt, nicht gerade glaubwürdig. Gut erfunden ist sein Bericht dennoch. Plinius wusste, dass zum Glasschmelzen neben Quarzsand auch Natron und Kalk gehören. Offensichtlich überlegte er nun, wie die alten Phönizier diese drei Komponenten zufällig zusammengebracht und darüber hinaus hoch erhitzt haben könnten

Ägyptischer Glasring (etwa 1330 v. Chr.) mit der Doppelkartusche von Tutanchamuns Witwe Anchesenamun und seinem Nachfolger Eje.

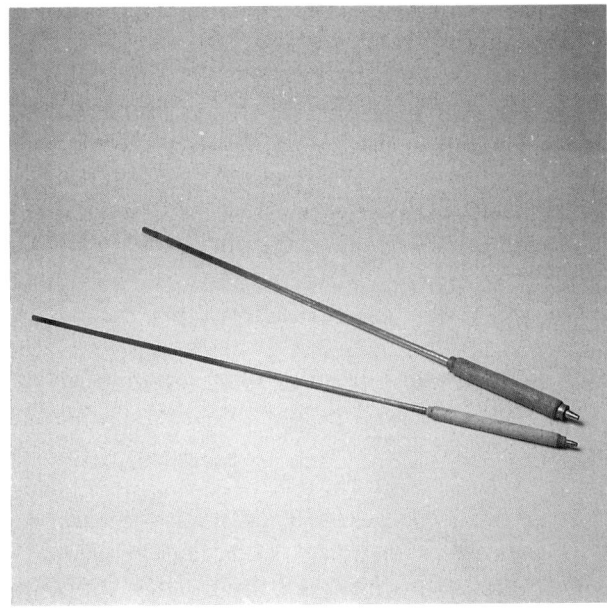

Seit fast zweitausend Jahren unverändert: die Glasmacherpfeife.

und fand eine, wie ihm schien, recht plausible Erklärung: In den Wüstengebieten am Rande des östlichen Mittelmeers gibt es Senken, in denen sich während der Regenzeit Wasser ansammelt, das aber rasch wieder vollkommen verdunstet. Trockene Natronseen entstehen. Weil die manchmal meterdicken Natronkrusten in sandigen Regionen oft das einzige massive Gestein darstellen, lag es nahe, dass Kaufleute auf einer Karawanenreise Natronblocks dazu verwendeten, sich daraus für das Garen ihrer Speisen einen einfachen Herd zu errichten. Natürlich stellten sie die Steine mitten in kalkhaltigen Sand, und im Zentrum der Konstruktion entzündeten sie ihr Lagerfeuer. Wie erstaunt waren sie, als bald aus der Asche farbige Rinnsale quollen und zu einem wunderschönen, glänzenden Material erstarrten. Sie hatten das Kalknatronglas erfunden. Die Sache hat nur einen Haken: Die Temperatur eines offenen Feuers liegt kaum höher als 600 °C, und das genügt zum Quarzschmelzen ganz und gar nicht.

So märchenhaft-sympathisch die von Plinius als Faktum angebotene spekulative Geschichte sein mag, richtig ist sie sicher nicht. Trotzdem hat sie wohl einen wahren Kern: Wer immer zum ersten Mal Glas machte, erfunden hat er es sehr wahrscheinlich nicht. Er hat es entdeckt. Die Erforscher früh- und vorgeschichtlicher Technologien sind sich allerdings nicht darüber einig, bei welcher Gelegenheit. Sie stellen zwei verschiedene Möglichkeiten zur Diskussion: Gegen Ende der Jungsteinzeit blühte eine rege Keramikindustrie. Weil der Ton oft auch Sand enthält, lässt sich denken, dass beim Brennen eines irdenen Gefässes hoch erhitztes Material im Ofen in die Asche gefallen ist, die ihrerseits das nötige Natrium- oder Kaliumsalz für einen Glasfluss lieferte. So könnten erste Glasperlen entstanden sein. Und weil in dieser Ära Perlen aus

Syrische Vase
in Sandkerntechnik mit aufgesponnenen Glasfäden
(um 600 v. Chr.).

23

Seite 24
Oben: Glasbecher des Pharaos Thutmoses III.
(etwa 1450 v. Chr.).
Unten: Syrische Alabastren.

Seite 25
Vorderorientalische Gläser vom ersten vorchristlichen
(die beiden rechten Alabastren)
bis zum dritten nachchristlichen Jahrhundert.

24

Steatit, aus Obsidian, Jaspis, Bergkristall und anderen Halbedelsteinen, wie auch aus gediegenem Kupfer, sehr beliebt waren, machten die Töpfer von ihrer Zufallsentdeckung bald kommerziellen Gebrauch.

Die zweite Theorie verbindet die Entstehung des ersten Glases mit den Schritten von der Stein- in die Bronzezeit. Das hat seinen guten Grund. Nicht nur im frühgeschichtlichen Ägypten, auch im vorrömischen Mesopotamien, in Mykenae, in der keltisch-illyrischen Hallstattkultur und in China tauchte – übrigens unabhängig voneinander – das erste Glas jeweils im Zusammenhang mit Kupferschmelzen oder Bronzeöfen auf. Das kann nicht erstaunen, denn die Metallschmelzer haben sich seit eh und je um die Erzeugung hoher Temperaturen bemüht, wie sie für die Glasgewinnung schliesslich Voraussetzung sind. Um Kupfer beispielsweise aus Malachit zu gewinnen, genügen nachweislich schon recht einfache Öfen, und als Brennstoff reicht getrockneter Kamel- oder Kuhmist. Unter günstigen Umständen kann bereits die Schlakke der Malachitschmelze glasig erstarren. Nicht von ungefähr fanden sich bei Ausgrabungen aus dem vierten Jahrtausend in Oberägypten Steatitperlen mit einer Glasur aus Malachitpulver und Alkali. Und das ägyptische Wort *mefkat* bezeichnet schliesslich Smaragd, Malachit und grünes Glas gleichermassen.

Einen besonders bemerkenswerten Beleg für die Verbindung von Kupferschmelzen und Glasgewinnung im alten Ägypten ergab unlängst wiederum eine Zufallsentdeckung in Berlin: 1973 kaufte das Ägyptische Museum einen Fingerring, den 1930 der Kairener Kunstsammler und -händler Ralph Blanchard erworben hatte, der aber seitdem als verschollen galt. Dieser Ring lässt sich recht genau auf etwa 1330 v. Chr. datieren, weil er in einer Doppelkartusche die Siegel von Tutanchamuns Witwe Anchesenamun und seinem Nachfolger Eje zeigt. Beide waren offenbar für eine kurze Zeit nach dem Tod des berühmten Pharaos miteinander liiert. Der Ring, der den Gedanken ihrer Verbindung nahelegt, besteht aus weissem Glas. Unglück und Glück der Archäologie wollten es, dass er zu Bruch ging. Dabei zeigte sich unter seiner nur dünnen weissen Oberfläche eine Schicht blaugrünen Glases, während der Kern aus blutrotem, stark kupferhaltigem Kalknatronglas besteht. Ausgiebige wissenschaftliche Untersuchungen bewiesen, dass der Ring ursprünglich völlig rot gewesen ist, dass aber im Laufe der Jahrtausende das Kupfer von der Oberfläche her herauswitterte, wodurch erst grünes und schliesslich weisses Glas entstand. Natürlich ist der ägyptische Glasring weitaus subtiler gefertigt als die ersten Glasperlen. Er ist eindeutig in eine Form gegossen worden.

Dass sich die Technik der Glasverarbeitung rund 2000 Jahre lang kaum verfeinert hatte, erklärt sich aus der Unfähigkeit, eine grössere Menge Glasschmelze für längere Zeit flüssig zu halten. Erst die Fortschritte im Metallguss brachten neue Schmelzöfen mit sich, niedrige Schachtöfen, die sich mit Blasebälgen kräftig aufheizen liessen. Zwei Jahrtausende hindurch hatten sich die Ägypter auf die Produktion farbiger Glasperlen, glasierten Schmucks, glasierter Wandplättchen und gla-

Seite 27
Gläser aus dem östlichen Mittelmeerraum (1. bis 3. Jh. n. Chr.).

sierter Keramikgefässe beschränken müssen, bis in der Amarna-Zeit ab etwa 1550 v. Chr. die Glasmacherkunst rasch eine erste Blüte entfaltete, die dann in der Mitte des 14. Jahrhunderts ihren Höhepunkt erreichte. Der exquisite Glasschmuck aus dem Grab Tutanchamuns beweist das. Schon gegen 1500 v. Chr. beherrschten die Ägypter kunstvolle Techniken der Glasdekoration, wie den Kammzug, den Überfang und das Schleifen. Beim Kammzug legte der Glaskünstler angeschmolzene farbige Glasfäden ringförmig um ein noch zäh-heisses Gefäss und zog sie dann mit den weitgestellten Zinken eines speziellen Kamms zu Girlanden- oder Zickzackmustern auseinander. Die Überfangtechnik gestattete es, doppelwandige Gefässe herzustellen, deren verschiedene Glaslagen so gut wie blasenfrei aneinander anliegen.

Um 1450 v. Chr. bewiesen die prächtigen Schalen und Becher des Pharaos Thutmosis III. das damals schon hohe Niveau der ägyptischen Hohlglasfertigung. Herstellungsprinzip war die Sandkern-Methode, von der es zwei Spielarten gab: Nach der einen fertigten die Kunsthandwerker zunächst einen Lehm-Sand-Kern, den sie dann in die Glasschmelze tauchten und damit überzogen. Nach dem Erkalten kratzten sie den Kern heraus und gaben dem Glas durch Schleifen und Polieren seine endgültige Form. Eine zweite Technik kam ohne das Tauchen aus und lieferte weitaus kunstvollere Gläser. Hierzu wickelten die Künstler zähplastische Glasfäden, die sie mit Zangen aus der Schmelze zogen, um einen Sand-Tonkern. Oft wechselten sie dabei die Farben der Fäden oder erzeugten

aus einzelnen andersfarbigen Ringen mit der
Kammzugtechnik Wellenmuster. War der
Kern völlig umhüllt, dann wurde das Gefäss
über dem Feuer nochmals erhitzt und durch
Wälzen auf Steinplatten geglättet. Danach
liessen sich auch noch Muster in seiner Oberfläche eindrücken. – Ein halbes Jahrhundert
später verstanden es die Ägypter, feine Becher, Schalen und Vasen durch regelrechtes
Aufspinnen dünner Glasfäden auf die Sand-
kerne herzustellen.

Die Kunst, farbige Gläser zu feinen dünnen Fäden auszuziehen, führte zu einer weiteren interessanten Technik. Zog man mehrere
Fäden verschiedener Farben gemeinsam und

tauchte das Bündel in eine Glasschmelze,
dann entstanden dickere Stäbe, von denen
sich dünne Scheibchen abschneiden liessen.
Im Querschnitt zeigten sich dabei je nach Anordnung der verschiedenfarbigen Fäden unterschiedliche Muster: kleine bunte Sterne,
Blumen, konzentrische Ringe und so weiter.
Mosaikförmig verschmolzen die ägyptischen
Glaskünstler solche Scheibchen miteinander,
eine Technik, die später die Italiener in der
Renaissance unter der treffenden Bezeichnung Millefiori, tausend Blumen, wieder auf-
nahmen.

Zahlreiche Glashütten und Werkstätten
waren im ägyptischen Reich entstanden: in

Tel-el-Amarna, in Theben, Lisht, Menshijeh und wahrscheinlich auch an anderen Orten. Ausserhalb Ägyptens fanden die Archäologen bisher keine Glaswerkstätten aus dieser frühen Zeit; wohl aber sind besonders aus Mesopotamien durchaus kunstvolle Sandkerngefässe aus dem zweiten vorchristlichen Jahrtausend bekannt, und manche Altertumsforscher halten die bis zu 40 Zentimeter grossen Glasgefässe aus dem Grab des Pharaos Amenophis II. (ca. 1437 bis 1411 v. Chr.) sogar für mesopotamische Importe.

Um 1000 v. Chr. beherrschte mehr und mehr ein neues Material Technik und Wirtschaft im östlichen Mittelmeer: das Eisen. Ägypten war bereits ein Jahrhundert zuvor durch die inneren Wirren der 20. Dynastie politisch geschwächt, wirtschaftlich verlor es seine beherrschende Position durch den Siegeszug des Eisens vollends, denn das Land am Nil verfügte nicht über das begehrte Metall. Mit dem Niedergang des ägyptischen Reichs fand auch die einst blühende Glasindustrie im östlichen Mittelmeerraum ihr einstweiliges Ende.

Erst etwa ein Vierteljahrtausend später tauchten en masse neue Sandkerngefässe auf. Von etwa 750 bis 300 v. Chr. handelten die Phönizier mit diesen Gläsern. Und auch noch bis ins erste nachchristliche Jahrhundert waren sie verbreitet. Vermutlich stammten sie aus Hütten im östlichen Mittelmeerraum, doch wo ihre Produktionsstätten genau lagen, weiss heute niemand. Sicher ist nur, dass sie weder in Ägypten noch in Alexandrien gefertigt wurden. Wie alle Sandkerngefässe waren sie undurchsichtig. Das Material wirkte wie farbiger Stein. Der Handel kannte bevorzugte Formen: das längliche, fast zylindrische Alabastron, kleine Spitzamphoren mit eigenartigen Henkeln zum Aufhängen und rundliche Aryballos.

Irgendwann im späten achten Jahrhundert v. Chr. entdeckte ein Glasmacher in Assyrien, dass Arsen die Schmelze reinigt. Man hat auf Tontafeln geschriebene Glasrezepturen aus dieser Zeit gefunden, die das beweisen. Und auch das zugehörige Glas entdeckten die Archäologen. Aus der Zeit zwischen 722 und 705 v. Chr. stammt ein dickwandiges, etwas plump wirkendes Alabastron mit dem Siegel des Assyrerkönigs Sargon II. Das Glas dieser sogenannten Sargon-Vase ist meergrün und trotz seiner Stärke erstmals schwach durchsichtig. Ganz sicher ist es nicht über einem Sandkern geformt, denn die zylindrische Innenöffnung ist ausgebohrt. In der Folgezeit entstanden zahlreiche ähnliche Gläser in Assyrien. Die Experten nennen sie Nimrud-Gläser, denn aus der Glaswerkstätte von Nimrud in der Nähe von Ninive am Tigris stammen sie. Bald übernahmen auch Glasmacher in anderen vorderasiatischen Gebieten diese Technik. So entstand im anatolischen Gordion eine berühmte Glasschale, die einer Bronzeschale nachgebildet war. Glashistoriker vermuten, dass sie entweder aus gestossenem Glaspulver zwischen einer inneren und einer äusseren Form erschmolzen oder sogar nach dem Wachs-Ausschmelzverfahren, dem Prinzip der verlorenen Form, hergestellt wurde, die ja vom Bronzeguss bekannt war.

Durchscheinende Gläser, die nicht über dem Sandkern geformt wurden, fanden sich in den folgenden Jahrhunderten in Persien, im alexandrinischen Kulturkreis und im hellenistischen Griechenland. Dort, in Ephesus, entdeckten die Glasmacher im vierten vorchristlichen Jahrhundert eine neue Technik, Oberflächen zu verzieren: den Glasschnitt. Eine meergrüne Schale mit zentralem Blumenornament zeugt davon.

Alles in allem stand die einsetzende Entwicklung immer kunstvollerer Gläser noch lange im Schatten der Sandkerngefässe, die von den Phöniziern weiterhin als Massenwaren gehandelt wurden. Doch aus eigenem Interesse und im Auftrag der Herrscherhäuser entwickelten die Glaswerkstätten ihre Kunst vielerorts weiter. In Hallstatt bildeten sich schon im sechsten oder fünften Jahrhundert ebenfalls nicht über dem Sandkern gefertigte sogenannte Hallstätter Tässchen heraus. In Alexandria perfektionierten Glaskünstler die Millefioritechnik aus Tel-el-Amarna. Sie beherrschten neben geometrischen und floralen

Mustern jetzt auch figürliche Motive, etwa Köpfe, Groteskgestalten oder Schriftzüge. Die Bündel farbiger Glasfäden drehten sie nach altägyptischem Vorbild beim Ausziehen um die eigene Achse, so dass schraubig gewundene bunte Schnüre – später nannten die Italiener sie «Reticelli» – entstanden, die sich hervorragend zum Einfassen von Millefiori-Gefässrändern eigneten. Miteinander verschmolzene Glasfäden und -bänder verschiedener Farben lieferten sogenannte Onyxgläser, deren Musterung an die Zeichnung von Bandachat erinnert.

Im ersten Jahrhundert v. Chr. übten die assyrischen Glasmacher besonders gerne auch die Kunst des Überfangens, bei der sie die

Syrisch-palästinensische Glasgefässe
aus dem zweiten nachchristlichen Jahrhundert.

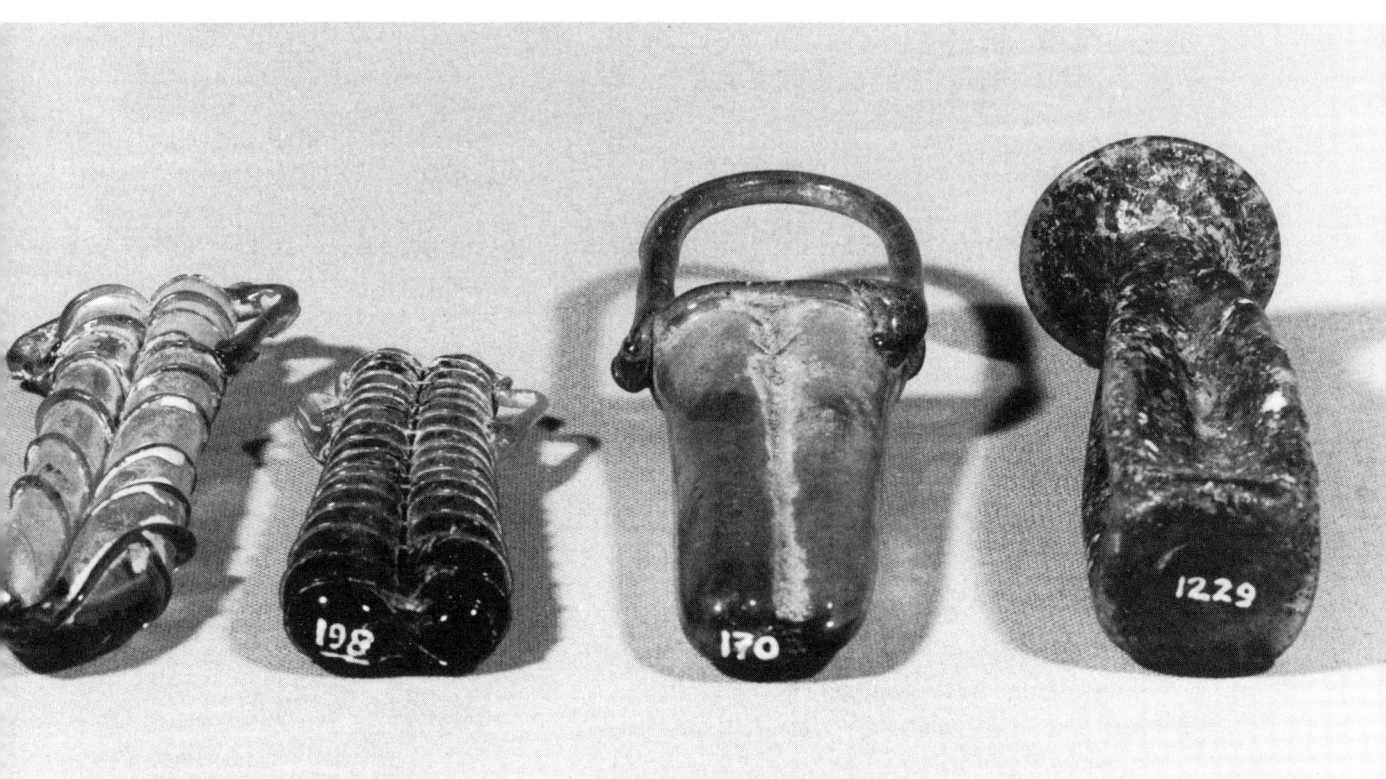

Wände von Flaschen, Krügen oder Amphoren aus zwei verschiedenfarbigen Glasflüssen aufbauten. Glasschneider schliffen ähnlich wie bei der Graffititechnik figürliche Szenen in diese Gefässe, indem sie dort, wo die Zeichnung sichtbar werden sollte, den hellen, opaken Glasüberzug vom dunklen Grundkörper wegschliffen. Auf diese Weise entstanden kunstvolle Kameengläser.

Gelegentlich finden sich im östlichen Mittelmeerraum des zweiten und ersten vorchristlichen Jahrhunderts auch schon Glasschalen aus zwei Wänden, zwischen denen eine dünne Goldschicht eingebettet ist. Aber solche Zwischengoldgläser blieben selten.

Kein Stoff ist formbarer

«Kein Stoff ist formbarer, keiner lässt sich bereitwilliger färben als Glas. Aber am höchsten geschätzt ist das farblose Glas, weil es am meisten dem Kristall ähnelt.»

Natürlich kannten die alten Römer noch keine Kunststoffe, und deshalb traf diese Bemerkung des lateinischen Literaten und Naturhistorikers Plinius des Älteren, der im Jahre 79 beim Ausbruch des Vesuvs ums Leben kam, durchaus zu. Unzutreffend hingegen ist bekanntlich Plinius' Behauptung, das Glas sei eine Erfindung der Phönizier. Die Geschichtsschreibung zu seiner Zeit stützte sich nicht selten auf naheliegende Vermutungen, statt auf sorgfältig recherchierte Fakten, und eine eigentliche Geschichtsforschung, die etwa Zeugnisse über die ägyptische Glasmacherkunst vergangener Jahrtausende ans Tageslicht gebracht hätte, gab es gar nicht. Was Plinius zu seiner Erklärung, die Phönizier hätten in Syrien das Glas erfunden, veranlasste, war die Tatsache, dass dieses Händlervolk nicht nur seit etlichen Generationen Glas in

Spätrömische Kugelvase aus dem Rhein-Main-Gebiet. (2. bis 4. Jh.).

den ganzen Mittelmeerraum und darüber hinaus in so ferne Länder wie Schottland, Skandinavien, Afghanistan oder die zentrale Sahara lieferte, sondern dass es Mitte des ersten vorchristlichen Jahrhunderts auch zwei epochale neue glastechnische Verfahren entwickelt hat. Zum einen hatten die Syrer herausgefunden, dass sich Glas durch einen Zusatz des Manganerzes Braunstein entfärben liess. Damit gewannen sie ein Monopol für Luxusgläser, denn *«am höchsten geschätzt ist das farblose Glas, weil es am meisten dem Kristall ähnelt»*, wie Plinius sagte. Zum andern erfanden die Syrer – wahrscheinlich in der Stadt Sidon – das Glasblasen mit der Pfeife. Der Gedanke lag an sich nahe, denn Blasrohre waren schon seit langem aus den Metall-

Konchylienbecher aus dem römischen Rheinland (3. Jh.).

Nachbildung eines römischen Diatretglases aus dem Kölner Raum (frühes 4. Jh.).

schmelzerwerkstätten bekannt, aber um das Glas blasen zu können, mussten zuerst die Öfen revolutionär verändert werden. Sie mussten viel höhere Temperaturen liefern, als das bisher der Fall war.

Im Römischen Reich waren importierte Glasgegenstände zwar weit verbreitet, aber für den gemeinen Mann keineswegs erschwinglich. Für eines der berühmten murrinischen Gefässe, die Pompejus schon vor Christi Geburt von einem Feldzug gegen Mithridates aus der Gegend des Schwarzen Meeres mitgebracht hatte, einen rot- und weissgefleckten Milchglas-Trinkbecher, zahlte Nero nicht weniger als 300 Talente, nach heutiger Kaufkraft einen Millionen-Dollar-Betrag. Kein Wunder, dass sich bald auch überall im Römischen Reich, wo sich geeignete Sande fanden, Glasmacherwerkstätten etablierten. Die Soda bezog man allerdings generell aus dem Orient, aus Syrien oder Ägypten. Die Gründer dieser Glasmanufakturen waren oft geschäftstüchtige Syrer, die schon damals erfolgreich versuchten, mit Markenartikeln zu handeln: Sie übertrugen von der Negativform ihre Firma auf das Glas oder stempelten den Unternehmensnamen in das noch weiche Produkt ein. Die bekanntesten Manufakturen waren Aristo, Artas, Eirenaios, Ennion, Frontinus, Jason, Menes, Neikon und Sentia Secunda. Verbreitet waren die Betriebe über das ganze Reich. So stand etwa die Stempelsignatur CCAA für «Colonia Claudia Agrippinensis Augusta», also eine Werkstatt in Köln.

Technisch war das Handwerk im römischen Reich in jeder Hinsicht auf Perfektion bedacht, und so erstaunt es nicht, dass auch die verschiedenartigsten Glastechniken nach und nach höchste Vollkommenheit erreichten. Glasschleifer und Glasschneider fertigten auf ausgesucht gutem Material kunstvolle Tiefschnitte (Gemmen) und Hochschnitte (Kame-

en) und brachten das glänzende Material durch perfekte Facettenschliffe optimal zur Geltung. Glasmacher stellten nach einem besonderen Rezept mit Kupfer- und Natriumzusatz in mehreren Schmelzgängen Speisegeschirre aus blutrotem «Obsidianglas» her. Zwischengoldgläser höchster Vollkommenheit entstanden, Kombinationen von Gold und farbigem Glas und Gläser mit künstlerischer Emailmalerei. Es gab perfekte Millefiori-Gläser und metallisch irisierende Glasobjekte. Beim sogenannten optischen Blasen blies der Glaswerker das weiche Material zunächst durch eine längsgerillte zylindrische Form und presste den noch plastisch-heissen Körper anschliessend gegen eine flache Plat-

Seite 32
Glas aus dem Römischen Weltreich (von links nach rechts): Cypern (1. Jh.), Syrien (1. Jh.), Italien (1./2. Jh.), Syrien (1./2. Jh.).

Seite 33
Kugelvasen aus Cypern (3. Jh.).

te. Aussen glatt, erschien das fertige Gefäss dann «optisch» gemustert. Auch mit Blattgold, Blattsilber, -kupfer oder -zinn belegte oder mit Silberamalgam oder Blei vergossene einfache Spiegel stellten römische Glaswerkstätten bereits her. Und schon im ersten nachchristlichen Jahrhundert entstanden auch Fensterscheiben. Sie waren aus den Wänden aufgeschnittener geblasener Glaszylinder heiss gefertigt oder als flache runde Scheiben durch Schleudern erzeugt. Doch das alles verblasste gegenüber dem Höhepunkt römischer Glaskunst, den Diatret-Gläsern.

Die Technik, Diatrete herzustellen, wurde in Rom als Geheimnis gewahrt, und selbst für die Wissenschaftsarchäologen unseres Jahrhunderts war es nicht leicht, dieses Geheimnis zu lüften. Heute glaubt man, die Arbeitsmethode herausgefunden zu haben. Diatrete – «diatretos» ist griechisch und heisst *durchbohrt, durchbrochen* – sind klare glockenförmige Becher ohne Fuss, die in einem Abstand von fünf bis zehn Millimetern von einem farbigen fein geschliffenen Glasnetz umgeben sind. Dieses fragile Gitter ist über wenige Millimeter starke Glasstege mit dem Becher selbst verbunden. Lange Zeit glaubte man, die kostbaren Trinkgefässe seien aus einem zweiwandigen Glaskörper gefertigt worden. Heute gilt als sicher, dass sie vollkommen aus einem einzigen, dickwandigen Korpus herausgeschliffen sind. Die Diatrete waren sehr rar; nur

wenige vornehme Römer konnten sie sich leisten. Gefunden haben die Archäologen bisher nicht mehr als 19 Exemplare, drei davon in Köln, je eines in Bonn, Trier, Strassburg und Budapest, andere in Italien und Österreich. Trotz ihrer Seltenheit waren sie bedeutend genug, um in einem eigenen Passus Eingang in das römische Recht gefunden zu haben: «...*Wenn Du einem Kunsthandwerker einen Becher gegeben hast, um ein Diatretglas daraus zu machen, und wenn er ihn aus Unachtsamkeit zerbricht, so wird er für den Schaden haftbar sein. Wenn er ihn aber nicht aus Ungeschicklichkeit zerbricht, sondern weil der Becher fehlerhafte Sprünge hatte, so kann er entschuldigt sein. Daher pflegen Kunsthandwerker, so ihnen darartige Stoffe übergeben werden, sich meistens auszubedingen, dass sie das Werk nicht auf ihre Gefahr herstellen. Dieser Umstand schliesst eine Klage aus dem Werkvertrag und aus dem Aquilischen Gesetz aus.*» Dass die «Diatretarii», die Diatretglasschleifer, durch solche Verträge ihre Haftung ausklammerten, ist verständlich, denn sie arbeiteten oft mehr als ein Jahr an einem einzigen Becher. Andererseits musste der Kunde wohl oder übel in einen derartigen Hasard-Vertrag einwilligen, wenn er überhaupt ein Diatret sein eigen nennen wollte. Zahlreich waren die Diatretarii sicher nicht.

Becher für Gelage, Gläser für das Grab

Es fehlt nicht an Hinweisen, dass die Herren Roms nicht nur kunstsinnige Freunde edlen Glases waren, sondern durchaus auch kommerziell dachten. Petronius berichtet in seinem «Gastmahl des Trimalchio» von einem Kaiser, der einen Glasmacher nur deshalb hinrichten liess, weil dieser ihm ein unzer-

brechliches Glasgefäss präsentierte. Der Kaiser begründete den Justizmord damit, dass solches Glas Gold und Silber entwerten würde und deshalb mit seinem Erfinder zu Grabe getragen werden müsse. Auch Plinius erzählt ähnliches. Er sagt Kaiser Tiberius nach, er habe die Werkstätte eines Glasmachers zerstören lassen, weil er ihm «biegsames» Glas vorgestellt habe. Tiberius befürchtete gleichfalls einen Wertverlust der Metalle. – Wandte sich kaiserlicher Protektionismus gegen neue Ideen auf dem Glasmarkt, so blühte andererseits

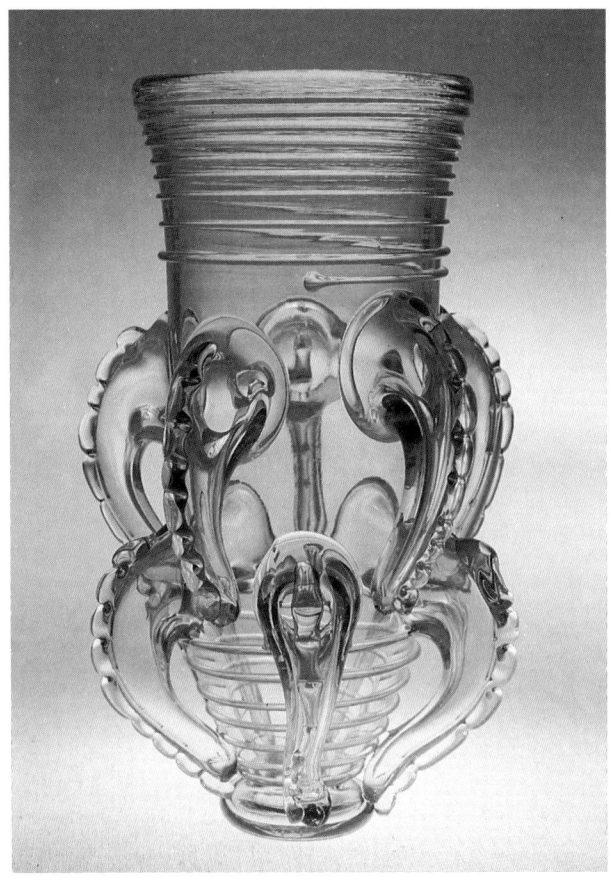

Rheinischer Rüsselbecher aus dem 6. Jahrhundert (Nachbildung).

34

der Handel mit gläsernem Kitsch. In Serienfertigung in zwei- oder dreischalige Negativ-
formen geblasene Prominentenköpfe, Gladia-
torenhelme oder gallische Zirkusbecher füll-
ten die Regale antiker Nippesverkäufer.

Das römische Imperium verfügte eben
nicht nur über Kultur, sondern auch bereits
über die oft fragwürdigen Errungenschaften
der Zivilisation. Als diese allerdings mit dem
Hunneneinfall 375 erstmals ins Wanken geriet
und mit dem Mord an Odoaker 493 dann
endgültig unterging, riss sie die kulturellen

Fränkischer Sturzbecher (5./6. Jh.)
aus grünem Glas.

Werte mit in die Gefilde des historischen Es-
war-einmal. Der hohen Zeit der Luxusgläser
folgten Jahrhunderte, in denen Dämonen-
glaube, nordische Götterkulte und Saga-My-
thologie dem Glas ihren Stempel aufprägten.
Die Glasqualität ging drastisch zurück, der
Formenschatz reduzierte sich auf wenige
Grundtypen, die Techniken der Glaskünstler
verloren ebenso an Vielfalt wie an Qualität.
Schon um 400 bahnte sich bei den germanischen Stämmen an der Nordgrenze des Römischen Reichs der neue mythische Stil an. Und
als mit dem Niedergang Roms die Nordpro-
vinzen fest in germanische Hände gerieten,
erlangte er allgemeine und alleinige Gültigkeit. Die Glashistoriker sprechen für die Zeit
von etwa 400 bis 700 von «Fränkischem
Glas». Diese Bezeichnung lässt sich allerdings
kritisieren, denn die Fränkischen Gläser waren in erster Linie Produkte der ostgermani-
schen Goten und nicht der westgermanischen
Franken.

Wie dem auch sei, man sagt den Germanen einen masslosen Hang zu Trinkgelagen
nach, und eben dieser Hang prägte die charakteristischen Formen der Fränkischen Gläser: Die weitaus meisten waren Trinkbecher.
Unter ihnen wiederum dominierten die Sturzbecher, die schon von der Form her die Trinkfestigkeit der Mannen aus dem Norden glaub-
haft machten: Wollte man sich ihrer entledi-
gen, musste man sie zuvor bis zum letzten
Tropfen austrinken, denn sie hatten keinen
Standfuss. Unten gerundet oder spitz zulau-
fend, oder vollkommen einem Rinderhorn
nachgebildet – auch daraus tranken die Germanen schliesslich –, standen die Sturzbecher
nämlich nur auf ihrer Trinköffnung, also «ge-
stürzt». Die Extrink-Funktion dieser Gefässe
beeindruckte gewiss mehr als ihre Material-
qualität. Das Glas war nicht wie im alten Rom
kunstvoll gefärbt, sondern spielte in den grün-

lichen bis bräunlichen Naturfarben, die wir heute allenfalls von Bierflaschen kennen. Im Gegensatz zu diesen besassen sie aber sehr blasen- und schlierenreiche Wandungen. Kein Wunder, dass die Kunst des Glasschleifens stark zurücktrat. Angeschliffene Blasen wirken wenig attraktiv. Andere Verzierungen setzten sich durch: farbige, oft sogar ausgesprochen bunte angeschmolzene Nuppen und Glasfäden. Die Ornamente repräsentierten keinen grossen Formenschatz. Darin war aber weniger Einfallslosigkeit als kultische Bindung zu sehen. Magische oder religiöse Symbole wiederholen sich ja ebenfalls unaufhörlich und lassen kein weit gefächertes kreatives Experimentieren zu. Bei den Fränkischen Gläsern waren es vor allem braune, grüne, rote oder violette «Ringaugen», die der Glaskünstler als Schmelzflusstropfen in einer bis drei Reihen auf das noch heisse Trinkgefäss setzte, und «Wolfszähne», Glasfäden, die als lang ausgezogenes Zickzack-Muster oder gefaltete Bänder an den Gefässen herabliefen. Beide Symbole wehrten nach dem Volksglauben die Dämonen ab.

Überhaupt hatte das Trinken bei unseren germanischen Vorvätern ausgesprochen rituellen Charakter. Patriarchalisches Denken ist hier übrigens fehl am Platze, denn es war die Stammesmutter, die in der Sippe das Trinkhorn zum Minnetrank herumreichte. So jedenfalls berichten die nordischen Sagas. Der Begriff Minne besass zu diesen Zeiten allerdings noch keineswegs die Bedeutung, die ihm später die Troubadoure beilegten. Der germanische Minnetrunk war eine Huldigung an eine Gottheit oder einen Ahnengeist. Dass man diese Kulthandlung gründlich und wahrscheinlich doppelt ausführte, dafür spricht, dass Trinkhörner immer paarweise auftraten. Chemische Analysen offenbar schlecht gespülter Exemplare ergaben unlängst, dass das eine mit Honigmet, das andere mit Weizenbier gefüllt war.

Paarweise gab man die gläsernen Ritual-Trinkgefässe auch den verstorbenen Angehörigen, vor allem den weiblichen, mit ins Grab. Diese Sitte beweist ihre eminente Bedeutung im Leben der Germanen, sie war aber zugleich dafür verantwortlich, dass das Fränkische Glas im siebten und achten Jahrhundert ausstarb: Die Geistlichkeit, die in der Christianisierung der Germanen, der Kelten und Slaven unaufhaltsam fortschritt, verbot die heidnische Sitte der Grabbeigaben. Das geschah allerdings nicht von heute auf morgen. Symbolisch für das Ende des altnordischen Götterglaubens fällte Bonifazius zwar schon 700 die Donar-Eiche; im Stammland der Wikinger, in Schleswig, Dänemark, Skandinavien und auf den Britischen Inseln, fanden sich vereinzelt aber sogar noch im 10. Jahrhundert gläserne Grabbeigaben.

Eine besondere Rolle unter den späten Fränkischen Gläsern spielten neben den Sturzbechern auch die sogenannten Rüsselbecher. Sie umwittert heute Geheimnis. Zuerst tauchten sie im fünften Jahrhundert auf. Es sind gedrungene, später auch längliche Trinkgefässe, an die aussen zwei Reihen plastischer Rüssel angeschweisst waren. Die Bedeutung dieser Anhängsel, die im Laufe der Jahrhunderte immer kleiner und zugleich schlapper erschienen, ist unklar. Manche Forscher halten sie aus unerfindlichen Gründen für stilisierte Delphine, andere wollen in ihnen stark vereinfachte Vogelköpfe sehen. Ganz sicher waren auch die Rüsselbecher Kulttrinkgefässe, die mit der um sich greifenden Christianisierung ebenfalls ausstarben. Allerdings sollten sie im 17. Jahrhundert in Spanien und dann noch einmal im Jugendstil ein Comeback erleben. Altes kultisches Erbe lässt sich eben nur selten für alle Zeiten verbannen.

Das Glas aber gleicht dem wahren Glauben

Das Lichterfest Weihnachten mit dem geschmückten Baum als Symbol war von alters her ein heidnischer Wintersonnenwendbrauch. Mit viel silbrigem Flitterwerk und Kerzenschein wollte man die Dämonen und bösen Geister in den dunklen Nächten vertreiben. Das Frühlings- und Fruchtbarkeitsfest Ostern – sein Name leitet sich von der germanischen Frühlings- und Lichtgöttin Eostrae her – erinnert mit seinen vermehrungsfreudigen Hasen, spriessenden Palmwedeln und Weidenkätzchen und den Nachwuchs symbolisierenden Eiern, Küchlein und Lämmern primär auch keineswegs an das Ende der Leidenszeit des christlichen Erlösers. – Die Kirche hat es oft verstanden, heidnisches Kulturgut, das sie zwar formal verbieten, dessen Ausübung sie aber im Volk praktisch nicht unterdrücken konnte, zu legitimieren und schliesslich vor ihren eigenen Karren zu spannen. Der Zweck heiligt bekanntlich die Mittel.

Spätmittelalterlicher Scheuer aus Deutschland (Nachbildung).

Mit dem Glas verhielt es sich ähnlich. Das Verbot von Trinkgläsern als Grabbeigaben setzte sich nur langsam im Verlauf mehrerer Jahrhunderte durch. Also versuchte die Geistlichkeit, die verfemten Gefässe als Messkelche zu legalisieren. Einige prominente Vertreter des Klerus widersetzten sich dem neuen Brauch. So verbot Papst Leo IV. (847 bis 855) ausdrücklich die Benutzung der gläsernen Kelche, und auch in der Wormser Dekretaliensammlung des Bischofs Burkhard findet sich ein solches Verbot. Aber diese Verordnungen fanden offenbar kaum Gehör. Hatte doch schon um 800 der bedeutende Kirchenlehrer Hrabanus Maurus das Glas ausdrücklich mit dem Odium des Sakralen ausgestattet: *«Glas heisst es, weil es durch seine Klarheit Einblicke freigibt (was freilich eine recht kühne Behauptung ist, denn das Wort Glas leitet sich vom germanischen Ausdruck «glasa-z» für Bernstein her). Denn, was im Innern von Metallen verwahrt wird, das bleibt verborgen. Im Glase aber erscheint jede Flüssigkeit und jedes andere Ding so wie es drinnen ist und draussen, ist es gleichsam verschlossen und doch offenbar ... Dass aber das Glas das Sakrament der Taufe bedeutet, durch das wir von allem Sündenschmutz gesäubert und wieder in den Stand der Reinheit versetzt werden, ist schon oben gesagt worden ... Das Glas aber gleicht dem wahren Glauben. Denn was draussen erscheint, das ist auch drinnen, so wie es keinen falschen Schein und nichts Undurchschaubares an den Heiligen der Kirche gibt.»* Ihre Heiligen brachte die Kirche denn auch alsbald in engsten Kontakt mit dem Glas: Ein Pontifikalerlass schrieb fest, dass jeder Altar mit einer eigenen Reliquie ausgestattet sein müsse, und als Reliquiare dienten jetzt bevorzugt Glasgefässe. Auch die gläserne Monstranz gewann durch den Symbolgehalt des reinen Materials. Dies um so mehr, als sich im biblischen Buch der Offenbarung (Kapitel 21/18ff) eine Stelle finden liess, die eine entsprechende Auslegung gestattete: «*Die Stadt selbst ist von lauterem Golde gleich reinem Glas.*» Als das Gold verstand sich die Kirche selbst, das Glas setzte sie mit dem wahren Glauben gleich.

Schon im frühen Mittelalter entwickelte sich die Kirche zum Hauptkunden der Glashütten, und bald entstand daraus so etwas wie ein klerikales Glasmonopol. Das sakrale Odium des Glases verbot dessen profanen Gebrauch praktisch völlig. Die Glashütten gingen in das Eigentum der Kirchen – besonders der Klöster – über. Vor allem die Benediktiner erwarben sich grosse Verdienste um die Pflege der Glaskunst. Neben Messkelchen und Reliquiaren fertigten sie gläserne Kirchenleuchter und Ölschälchen und bald auch mehr und mehr gläserne Kirchenfenster. Eine Blütezeit der Glasmalerei und der farbigen Glasmosaiken brach an. Die bunten Fenster illustrierten die Erzählungen der Heiligen Schrift buchstäblich in bestem Lichte.

Ausser diversen Techniken zur Fensterglasherstellung lieferte das christliche Mittelalter glashandwerklich kaum Neues. Aber gelehrte Mönche in den Glashütten und sogar so prominente Persönlichkeiten wie die Bischöfe von Mainz – Hrabanus Maurus – und Sevilla hielten die aus klassischen Zeiten überkommenen Rezepturen und Methoden in sorgfältig verfassten Anleitungen fest und schlugen damit im Abendland die technische Brücke zwischen der römischen Glaskunst und der rund ein Jahrtausend späteren Wiedergeburt eines subtilen Kunstglasgewerbes in der Spätgotik und der Renaissance. Wohl die berühmteste Schrift dieser Art ist das zweite Buch der «Schedula diversarum artium» des Mönchs Theophilus Presbyter aus dem 10. Jahrhundert. Ausführlich beschreibt Bruder Theophil ein neues Verfahren zur Flachglasherstellung für Kirchenfenster: «*... Sobald Du das Glas wie eine lange Blase von der Pfeife herabhängen siehst, halte deren Enden an die Flamme. Es wird dann sofort erweichen und eine Öffnung darin erscheinen lassen. Nimm dann ein hierfür angefertigtes Holz und mache die Öffnung so weit, wie die Blase in der Mitte ist. Dann verbinde den oberen Teil ihres Randes mit dem unteren Teil, und zwar so, dass beiderseits der Verbindungsstelle ein Loch erscheint ... Ist der Ofen in Glut, so nimm ein heisses Eisen, spalte das Glas auf der einen Seite und lege es auf den Rost des glühenden Ofens. Beginnt es weich zu werden, nimm eine eiserne Zange und ein ebenes Holz. Und indem Du das Glas an der Seite öffnest, an der es gespalten ist, strecke es und bügle es mit der Zange nach Deinem Belieben ... Wenn die Tafeln abgekühlt sind, verwende sie zum Zusammensetzen von Fenstern, indem Du sie in beliebige Stücke spaltest.*» Diese Stücke wurden dann in Blei gefasst zu Mosaikscheiben zusammengefügt. Es folgen Beschreibungen zur Anfertigung von Glasgefässen – etwa Öllampen –, von Langhalsflaschen, von gold- und silberverzierten Glasbechern. Eingehend widmet sich Theophil dem Entwurf von Fenstern, der Herstellung von Glasfarben und Farbeinbrenntechniken. Zum Glastrennen empfiehlt der Mönch ein erhitztes «Kröseleisen», denn der Diamantglasschneider war noch längst nicht bekannt.

Höhepunkte der Glaskunst brachten weder das Karolingerreich noch die Zeit der Romanik, wenn man von der Entwicklung der Glasmalerei einmal absieht. Zu sehr war die profane Verwendung, die Anregungen für neue Formen hätte liefern können, beschnitten. Das änderte sich erst im 14. Jahrhundert, als die Minnesänger auf das Glas als Symbol für Reinheit und Treue aufmerksam wurden und ihm an den Höfen zu neuer weltlicher Bedeutung verhalfen. Zugleich gelangten durch die nach dem Ende der Kreuzzüge einsetzenden Handelsbeziehungen mit dem Orient erlesene Gläser nach Europa und brachten das erstarkende Bürgertum auf den Geschmack, auch den abendländischen Alltag mit gläsernen Gegenständen zu verschönern. Handel und Gewerbe blühten auf und entwanden die Glashütten den Klöstern. Wo immer es Sand und Holz – letzteres für die Pottasche und als Feuerungsmaterial – gab, entstanden Waldglashütten. Die meisten nahmen ihren Betrieb in den baumreichen Mittelgebirgen auf: in den Vogesen und im Pfälzer Wald, im Spessart, im Thüringer Wald, im Bayerischen Wald und im Böhmerwald. Neben einer Massenfertigung von Fensterglas stellten die Waldhütten nun auch wieder Trinkgläser her. Ihre Formen spiegelten das Stilempfinden der Gotik: Hohe, schlanke Gefässe und Stengelgläser herrschten vor. Die Verzierungen beschränkten sich auf angeschmolzene Glastropfen und Nuppen, die oft in vertikalen Reihen die schlanken Formen noch unterstrichen, und auf aufgelegte Fäden. Der Grundkörper der Gefässe selbst konnte längs gerillt oder elegant schraubenförmig gewunden sein. Manche gotischen Becher sahen mit ihren angeschweissten Nuppen wie bauchige Krautstrünke aus, und unter dieser eigenwilligen Bezeichnung haben sie die Kunsthistoriker denn auch in ihr Fachvokabular aufgenommen.

Weil den Waldglashütten die tradierten und oft wohlgehüteten Rezepturen der Klosterhütten nicht immer zugänglich waren, erschmolzen sie meist sogenanntes Naturglas. Es war nicht entfärbt und deshalb grün. Das empfanden die Glasfreunde der Zeit aber keineswegs als Mangel. Im Gegenteil, sie liebten die grüne Farbe, besonders für Weingläser:

«Ich bin», erzählte der Pfarrer Johann Mathesius in seiner Bergpostille, «*mit einem dreyekketen grünen glas verehret vngefehrlich fünff zol lang, wenn man disz gegen der sonnen hielt, gab es die schönsten farben von sich und fasset ein gantz gebirg mit allen bewmen und heusern in sich, alsz weren vil hundert schöner regenbogen drinne . . . . Solche grüne farbe machet man dem glasz mit hammerschlag* (dem beim Warmschmieden abspringenden Zunder, also Eisenoxid) *wie sie auch rot und gelb glasz mit braunstein und kupfferschlag . . . ferben.*» Ganz offensichtlich wurde das Waldglas also sogar vorsätzlich noch intensiver grün gefärbt, als es schon von Natur aus war. Der Obrigkeit schien das nicht recht zu sein. So verlangte der Frankfurter Stadtrat im Jahre 1442: «*. . . die grünen gleserchin balde abetun und gmein nemen, uff das die burgere, die also wein keuffen, nit also beschiessen und bedrogen werden.*» – Den jungen bürgerlichen Räten im Hessischen fehlten seinerzeit wohl noch etwas die geschliffenen Formen, über die die Geistlichkeit verfügte. So blieben sie auch weiterhin auf das grüne Glas angewiesen, während die Kirche über kristallklare Kultgefässe und in leuchtenden, reinen Farben bemalte Fensterscheiben eigener Fertigung verfügte.

Und das Glas gleicht einem flimmernden Stern

«*Gott ist das Licht der Himmel und der Erde. Sein Licht ist gleich einer Nische, in der sich eine Lampe befindet; die Lampe ist in einem Glase, und das Glas gleicht einem flimmernden Stern . . . Licht über Licht!*»

Diese Worte stehen im Vers 35 der 24. Koransure. Auch der Islam hat von Anfang an – der Koran wurde Mohammed im 7. Jahr-

39

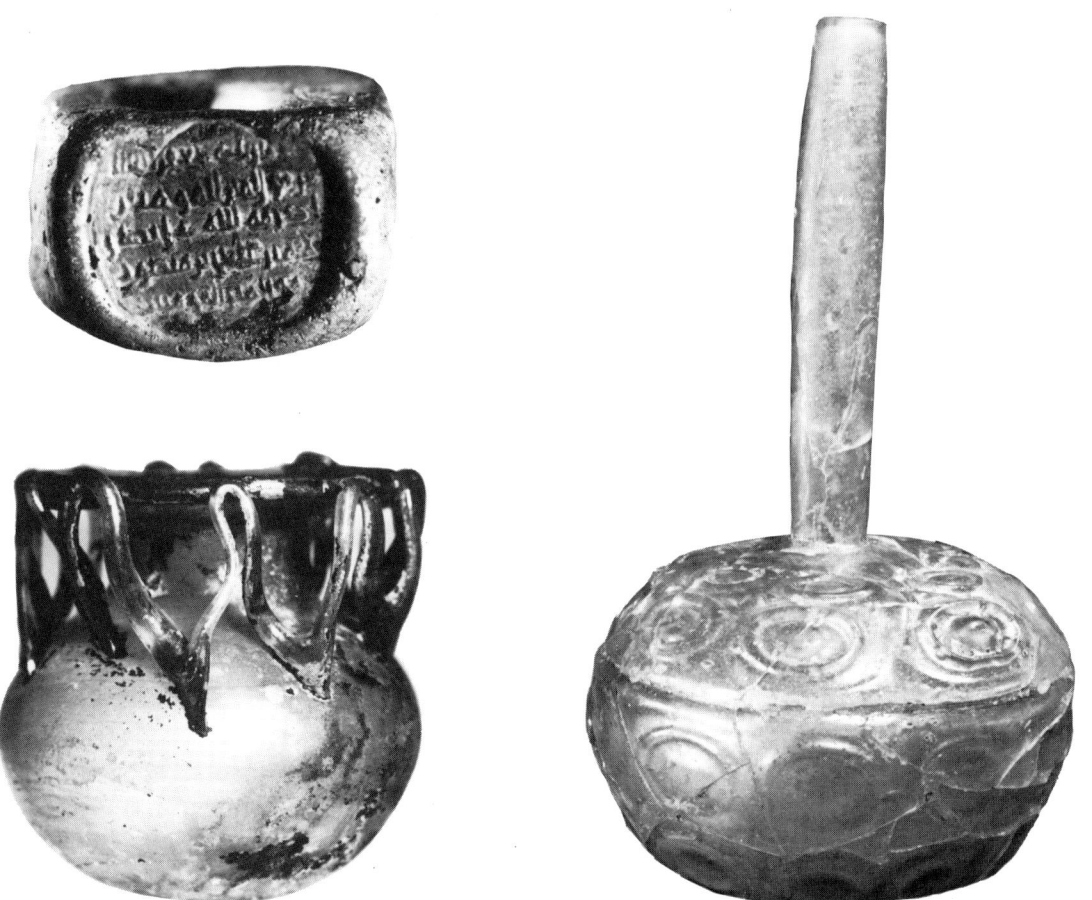

hundert offenbart – dem Glas sakralsymbolischen Charakter beigelegt. Weil er aber im Gegensatz zum Christentum gegen keinen heidnischen Gläserkult in Form von Grabbeilagen kämpfen musste, gelang es ihm, das glastechnische Erbe der Antike ohne Bruch anzutreten und mit neuer Gestaltungskraft zu beleben. Die alten syrischen Glashütten bestanden fort, die hoch entwickelte handwerkliche Kunst der Hellenen und der Römer bestimmten mit aufgelegten und eingeschliffenen Dekoren, mit Emailmalerei und der Zwischengoldtechnik zunächst in antiker Tradition sowohl die Glasproduktion im islami-

schen Raum wie auch im byzantinischen Kulturkreis. Wenigstens in den Anfängen lassen sich beide Richtungen deshalb kaum voneinander unterscheiden. Oft traten zunächst noch eingeschliffene oder geschnittene Kreissymbole auf, alte Embleme für die geschlossene Ordnung des Weltganzen und für dessen Erkenntnis. Bald aber bestimmten die typischen islamischen Kunstmotive, Arabesken und Kalligraphie, auch die Glasornamentik. Der Grund dafür ist im angeblichen Bilderverbot zu suchen, das allerdings von der Nachwelt immer wieder falsch interpretiert wurde. An keiner Stelle untersagt nämlich der Koran –

und nur dessen Vorschriften sind für den Muslim verbindlich – die Darstellung von Lebewesen, auch nicht von Menschen. Und tatsächlich gab und gibt es in islamischen Ländern immer derartige Bildnisse. Was der Koran verbietet, ist, sich ein konkretes Bild von Gott zu machen. Hier liegt der grosse Unterschied zwischen der gesamten christlichen und muslimischen Kunst begründet. Beide befassten sich jahrhundertelang fast ausschliesslich mit der Darstellung sakraler Motive. Die christlichen Künstler bildeten wieder und wieder Jesus, Maria, die Apostel und später auch zahlreiche Heilige ab. Im Islam waren Ebenbilder Gottes nicht möglich, und Heilige kennt er nicht. Das Heiligste, was sich konkret wiedergeben liess, war Gottes Wort, eben der Koran. Seine Suren bedecken denn auch die Wände in Palästen und Sakralgebäuden, seine Verse finden sich auf erlesenen Gebrauchsgegenständen aller Art. Noch heute ist die Flagge Saudiarabiens die einzige Fahne der Welt, die Schriftzeichen trägt. Der Text gibt die erste Koransure wieder. Natürlich machte das Glas keine Ausnahme: In Schliffen und Ritzungen, in Email und Lüstermalerei bedeckten die heiligen Texte Becher, Krüge und gläserne Moscheeampeln. Die Lüstermalerei, die islamische Meister auch auf Fayencen pflegten, war eine in Mesopotamien entstandene und später in Ägypten perfektio-

nierte Technik, lackartige Farben in Bildern und ganzen Überzügen aufzutragen und so in das Glas einzubrennen, dass die fertigen Dessins wie bunte Schmetterlinge irisierten.

Im persischen und mesopotamischen Raum spielten in der Glasmalerei auch alte farsische Motive und der Einfluss der nicht fernen Mongolei und Chinas eine Rolle: Ornamental gehaltene Tiere ergänzten die Arabesken und die Kalligraphie. Später, im 15. Jahrhundert, zeigten sich besonders in Persien dann auch deutliche Elemente der zeitgenössischen figürlichen Miniaturenmalerei auf den Glasgefässen.

Über Jerusalem, die von christlichen Pilgern besuchte heilige Stadt, über Sizilien und Spanien gelangten islamische Glaskunstwerke auch nach Europa. Eine Vermischung der Stile gab es aber allenfalls vorübergehend im Süden der iberischen Halbinsel, die ja bis 1492 im Königreich Granada noch maurisches Gebiet war.

Erst im 18. Jahrhundert, als sich die Zentren der islamischen Welt mehr und mehr nach Osten verlagerten – von Syrien über den Irak und Iran bis nach Usbekistan –, begann der Niedergang der grossen islamischen Glaskunst. Zahlreiche Handwerker wanderten nach Indien ab, andere hielten die alten Traditionen im ägyptischen und mesopotamischen Raum noch eine Zeitlang aufrecht, verloren aber bald mehr und mehr an Bedeutung.

Das Venedische Glas ist zu dieser Arbeit das beste

Wie die Kulturgeschichte kaum eines anderen Materials ist die des Glases mit der grossen Politik verwoben, mit dem Auf- und Niedergang von Weltreichen, wie dem ägyptischen oder dem römischen, mit der weltlichen Herr-

41

schaft der Kirche oder muslimischen Dynastien, mit der Macht von Fürstenhäusern oder Handelsgeschlechtern.

Mit dem Verfall des Stauferimperiums in der ersten Hälfte des 13. Jahrhunderts ging der Aufstieg der italienischen Städte Hand in Hand. Durch Kreuzzüge, Piraterie, Beutekriege und Sklavenhandel wurden sie reich, gewannen sie an Macht und internationalem Einfluss – allen voran die Hafenstadt Venedig, die nach dem siegreichen Ausgang des Seekriegs gegen Genua 1381 praktisch das ganze Mittelmeer und besonders auch den gesamten Levantine-Handel kontrollierte. Der Stammsitz der Dogen avancierte zum europäischen Tor nicht nur zum muslimischen Orient, sondern zum gesamten asiatischen Kontinent.

Im Gefolge des immensen wirtschaftlichen Aufstiegs blühte in Venedig bald auch die Glaskunst auf. Östlich der Lagunenstadt, bei Grado, hatte sich schon im 11. Jahrhundert eine bescheidene Glasindustrie etabliert. Sie sollte mächtige Impulse erfahren, als die Venezianer 1204 unter ihrem Dogen Enrico Dandola im Verlauf des vierten Kreuzzugs Konstantinopel eroberten und von dort nicht nur erlesene Gläser, sondern auch Glasmacher selbst mitbrachten. Stammten die Rohstoffe der Hütten bisher ausschliesslich aus zermahlenem Kies und der Asche von Lagunen- und Sumpfpflanzen, so schloss Venedig 1277 zusätzlich einen Vertrag mit Antiochia über den Bezug von Glasscherben ab. 1292 siedelten die Hütten von Grado auf die Insel Murano um, die in der Geschichte des Glases Weltruf erlangen sollte. Der Aufstieg der Glasmacher von Murano führte zu keiner kurzen Blüte. Er verlief ebenso steil wie dauerhaft. 1453, als Konstantinopel dem Osmanenherrscher Mohammed II. in die Hände fiel, flohen viele byzantinische Glaskünstler nach Venedig und halfen die Stellung Muranos festigen. Welch

Venezianische Flügelpokale und Fadenglas-Flasche (ca. 1600).

hohes Ansehen ihr Stand in der Lagunenstadt genoss, zeigt sich schon darin, dass die Dogen 1376 Ehen zwischen ihren Söhnen und Glasmachertöchtern als durchaus standesgemäss betrachteten.

Die venezianische Glaskunst profitierte indes nicht allein von der kommerziellen Bedeutung ihrer Heimatstadt. Auch der Zeitgeist trug das Seine zu ihrer vollen Entfaltung bei. Kultureller Wandel beflügelte kreative Geister seit je. Im 15. Jahrhundert löste die Renaissance die Gotik ab. Die schlanken, aber doch einfachen und im Grunde derben Formen wichen kunstvoll gestalteten Prunkgläsern, denen man die Experimentierfreude ihrer Hersteller ansah. Auch die Techniken zeigten eine Vielfalt wie selten in der Geschichte des Glases. Trotz aller Varianz zeichneten sich einheitliche Stilmerkmale ab: Die einzelnen funktionellen Teile der Gefässe erfuhren eine strikte Trennung. Auf einem flachen Standteller setzte oft recht unvermittelt ein schlanker, hohler, später auch äusserst kunstvoll verzierter Schaft auf. Er trug, wiederum ohne jeglichen fliessenden Übergang, die Kuppa, das eigentliche Gefäss. Die Gestaltung der einzelnen Elemente folgte erst – wie das ja generell für die Renaissance typisch war – klassischen Vorbildern, später, gegen Ende des 16. und besonders im 17. Jahrhundert, machten sich deutlich manieristische Züge bemerkbar. Sie gingen mit höchster technischer Perfektion einher.

Bewunderung verdient die Verfahrensvielfalt der Glasmacher von Murano. Sie entsannen sich der alten alexandrinischen Millefiorigläser und entwickelten sie stilsicher zu kristallklaren Gefässen mit einem filigranen Netz eingelegter milchweisser oder farbiger Glasfäden *(latticini)* weiter. Sie nahmen die antike ägyptische Kammtechnik wieder auf, und sie fertigten perfekte Zwischengoldgläser. Aber sie schufen auch viel Neues. Neben dem berühmten, ganz leicht strohgelben Murano-Cristallo fertigten sie farbige Gläser, Achat- und Malachit-, Aventurin- und Kalzedongläser oder feinstes Milchglas. Berühmt wurden auch Gefässe mit ganz speziellen optischen Effekten. So erfanden die Venezianer das Eisglas, das sich – beim Abkühlen oberflächlich abgeschreckt – durch Craquelé-Muster auszeichnete, oder ein Zwischengoldglas, in dessen Wandung, nach dem Einlegen der Goldfolie weiter aufgeblasen, hundertfach zerrissene Goldflitter glänzten. Eisglas liess sich durch Aufschmelzen zahlloser Glassplitter in seiner Wirkung imitieren. Andere Oberflächeneffekte erzielten die Muraneser Meister durch Blasen in strukturierte Formen oder durch Ritzen mit Diamanten.

Ein besonderes Merkmal des venezianischen Glases war seine unnachahmliche Klarheit. Oft extrem dünnwandig und entsprechend leicht und elegant, zeigte es weder Schlieren noch Blasen oder gar Einschlüsse. Deshalb eignete es sich vorzüglich nicht nur für die Herstellung attraktiver Gefässe, sondern auch als optisches Glas. Die venezianischen Hütten lieferten denn auch viele Glaslinsen. – *«Das Venedische Glas ist zu dieser Arbeit das beste, sonderlich das hel / schöne weisz und aller Farbe / Körner / Bläszlein / Wölcklein / und Häutlein ... gänzlich entblösset ist»,* heisst es in einer Schrift über den Linsenschliff aus dem Jahre 1680.

Auch Spiegel fertigten die Hütten von Murano. Allerdings waren die Preise dafür so exorbitant hoch, dass sich selbst der an Verschwendung gewöhnte Hof von Versailles überfordert fühlte: Als der berühmte Spiegelsaal des Schlosses gebaut werden sollte, gründete 1665 Colbert deshalb lieber eine eigene Spiegelglashütte in Paris. Weil den Franzosen allerdings das notwendige Know-how fehlte, warb er zwei Spiegelmacher aus Venedig ab, was aber tragische Folgen haben sollte. Kaum hatten die Experten ihre Arbeit im Faubourg Saint Antoine aufgenommen, als sie von Handlangern ihrer Stadt gemeuchelt wurden. Dieses wenig ehrenhafte Prozedere zur Vermeidung unerwünschten «Braindrains» war übrigens kein Einzelfall und galt – zumindest nach Ansicht der Dogen – durchaus als legitim. Monopole wollen schliesslich verteidigt werden. Immer wieder erliessen die Gewaltigen des Stadtstaats Auswanderungsverbote für Glasmacher, das erste schon im 13. Jahrhundert, als venezianische Glasarbeiter eigene Hütten in anderen oberitalienischen Städten gründeten. Im 15. und 16. Jahrhundert griff die Obrigkeit härter durch: Sie warf die Angehörigen der Abtrünnigen ins Gefängnis, und wenn die Deserteure auch dann nicht zurückkamen, mussten sie am Platz ihres neuen Wir-

kens mit Mord rechnen. Ein venezianischer Erlass, der noch bis weit ins 18. Jahrhundert Gültigkeit besass, legte das klipp und klar fest. Die in den meisten europäischen Fürstentümern bestehenden Berufschancen waren aber oft derart verlockend, dass so mancher Muraneser Glasmacher das Risiko, «legal» gemeuchelt zu werden, in Kauf nahm und dem Gesetz zum Trotz seine Heimat verliess.

Im 16. und 17. Jahrhundert entstanden überall in Norditalien, in Österreich, auf deutschem Boden, in Flandern und den Niederlanden, in Frankreich, Spanien, auf den britischen Inseln und sogar in Südskandinavien Hütten, die Gläser «à la façon de Venise» herstellten. Unterstützt wurden die venezianischen Deserteure bei ihren Filialgründungen vielfach durch Glasmacher aus dem kleinen Städtchen Altare in der Nähe von Genua. Ihre Innung kannte kein Abwanderungsverbot; im Gegenteil, sie förderte das Reisen ihrer Handwerker in alle Lande. Mit neu erworbenen Kenntnissen kehrten sie oft nach Altare zurück.

Wie in Venedig genossen die Glasmacher der Renaissance auch anderswo in Europa hohes Ansehen. Könige und Fürsten erwiesen ihnen ihre Gunst und schützten besonders die emigrierten Muraneser vor der drohenden Verfolgung. In Frankreich galten die Glaswerker als «gentilhommes verriers», als Edelmän-

Seite 44
Venezianische Goldrubin-Flasche aus dem späten
17. Jahrhundert.

Seite 45
Das Millefiori-Glas gelangte in Murano
zu hoher Blüte. Das Bild zeigt die Technik anhand
einer modernen Arbeit.

44

ner des Glases; sie gehörten zum Adel. In England arbeiteten sie oft mit ausdrücklicher königlicher Lizenz. Bei Hofe geachtet, zogen sie auf den britischen Inseln aber bald den Unwillen des einheimischen Handwerks, vor allem den der Schiffswerften auf sich. Sie holzten nämlich die ohnehin spärlichen englischen Wälder radikal ab und folgten dabei den schwindenden Baumbeständen im Laufe der Jahrzehnte immer weiter nach Norden. Einige Hütten gelangten so bis in die Gegend von Newcastle. Holz war aber wichtiges Schiffbaumaterial und damit die Grundlage der britischen Seemacht. 1615 verbot die Regierung deshalb den Betrieb von Glasöfen mit Holz. Das hatte weitreichende wirtschaftliche Folgen. Die Glasmacher nutzten jetzt die Steinkohle. Der Bergbau florierte, die Kohlengruben wurden immer grösser und tiefer. Neue Abbautechniken entwickelten sich. Die Grundwasserhaltung in den Schächten verlangte nach leistungsfähigen Absaugaggregaten, und als Lösung dieses Entwässerungsproblems entwickelten englische Ingenieure 1698 die erste Dampfpumpe. 14 Jahre später installierten praktisch alle britischen Gruben die robuste atmosphärische Dampfmaschine des Schmieds Thomas Newcomen, die James Watt zwischen 1765 und 1788 zur regulären Niederdruck-Dampfmaschine mit Drehbewegung weiterentwickelte. Die Grundlage der von England ausgehenden Mechanisierung und damit der industriellen Revolution in ganz Europa war damit indirekt eine Folge des Energiebedarfs der Glashütten.

Die Emigration der venezianischen Glasmacher und die Reisefreudigkeit ihrer Kollegen aus Altare liess im 17. Jahrhundert die internationale Konkurrenz für die Hütten in Murano so stark anwachsen, dass um diese Zeit von der einstigen Monopolstellung Venedigs nicht mehr die Rede sein konnte. Zu-

gleich verlor die Lagunenstadt generell an wirtschaftlicher Bedeutung, denn der erstarkende atlantische Seehandel beraubte die Dogen ihrer Vormachtstellung im internationalen Warenaustausch. Die einst blühende Glasmetropole sah ihre kommerzielle Zukunft nicht mehr im kreativen Bereich, sondern im Export von Standard-Massenartikeln. Hatte sie im 16. Jahrhundert im Auftrag gekrönter Häupter und mächtiger internationaler Kaufmannsfamilien noch erlesene emailgemalte Wappengläser oder kostbare Moscheeampeln für Damaskus und Kontantinopel geliefert, so sank die Qualität der venezianischen Exporte jetzt mehr und mehr. Heute liefern die Hütten auf Murano derbe Nippes-Massenartikel und Touristenwaren, die zum Teil sogar nicht einmal aus eigener Fertigung stammen, sondern aus Südostasien importiert sind. Und auch so manche Fälschung – angeblich römisches Glas –, die geschäftstüchtige Strassenhändler in Pompeji oder auf dem Forum Romanum an den gutgläubigen Mann bringen, füllt derzeit bedauerlicherweise die mageren Kassen der einst so stolzen Muraneser Glasmacher.

Grünes Glas, das «dem weyn ein lüstige farbe gibt»

«Nun ists war, ein roter weyn steht warlich schön in einem weissen und klaren venedischen glase und gibt seynen schein und liecht von sich, wenn zumal das glasz in der sonne oder bey nacht fürm liecht steht. Wie auch ein plancken weyn durch ein grün glasz seine farbe gibet wie ein regenbogen, den der glantz mehret sich im weyn und wasser ... Weil aber das glasz von der natur weysz und planck ist, wenn zu mahl der sandt und die asche reyn und mit fleysz auszgesotten unnd abgefeymet ist, hat man in diesen landen gemeinigklich

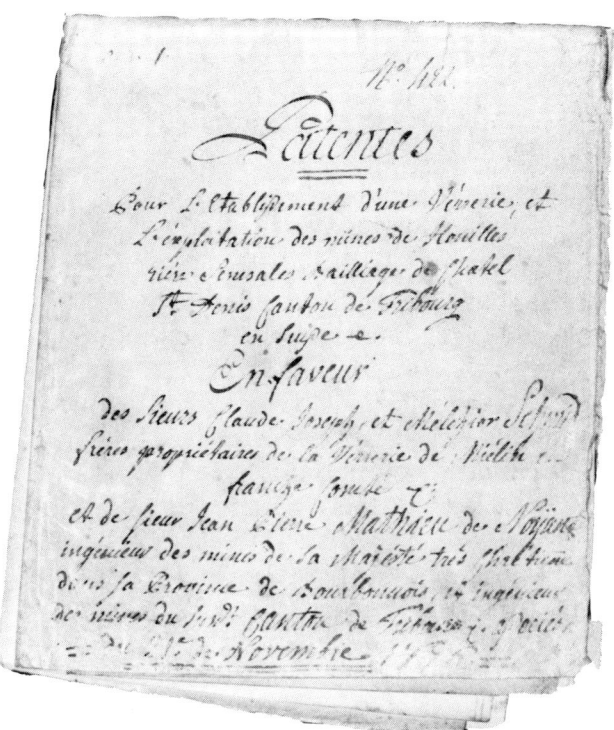

Gründungsurkunde (Patent)
der Waldglashütte in Semsales im Schweizer Jura
vom 21. November 1776.

zum weyn grüne gleser gemacht, darinn eine
rebe rechter plancke weyn sehr schön und lieb-
lich steht und dem weyn ein lüstige farbe
gibt.» – Soweit noch einmal der Pfarrer Johann Mathesius in seiner Bergpostille aus
dem Jahre 1562.

Da man in deutschen Landen den weissen
dem roten Wein vorzog und ausserdem auch
stark dem Biere zusprach, das man ebenfalls
aus grünem Glas genoss, hatten die venezianischen Glasmacher hier einen schweren Stand.
Der Export in deutsche Gebiete liess sich
schlechter an als etwa nach Frankreich oder
Nordeuropa, und mit der Gründung von Fi-
lialen durch illegitim ausgewanderte Glasmacher war es schon gar nicht weit her. Zu stark

war die einheimische Konkurrenz durch die
Waldglashütten von den Ardennen und Voge-
sen über den Spessart und Kaufunger Wald
bis zum Harz und Solling, zum Fichtelgebirge,
Bayerischen und Böhmerwald, zum Thüringer
Wald und den Mittelgebirgen Schlesiens.

Die Gläsner der Waldglashütten waren
keine «Edelleute des Glases» wie die venezianischen, die französischen und englischen
Glaskünstler. Sie waren Wanderhandwerker,
die mit ihren Hütten alle paar Jahre weiterzo-
gen, dorthin, wo es noch ausreichend Wald
gab. Aber auch sie besassen eine Monopolstellung. Nur wenige Familien teilten sich das
Gewerbe, denn die Glasrezepturen vererbten
sich stets nur vom Vater auf den Sohn. Aus-
senstehende wurden nur sehr selten einge-
weiht. Die Namen der grossen deutschen
Glasmacherfamilien aus jener Zeit leben noch
heute fort: etwa Gundelach und Kunckel in
Hessen, Greiner in Thüringen, Schürer und
Wenzel in Böhmen, Preussler in Schlesien.

Viele von ihnen betrieben schon im frühen
14. Jahrhundert eigene Hütten. 1406 schlossen
sich 40 Glashütten im Spessart und den angrenzenden Gebieten zu einer Genossenschaft
zusammen und gaben sich eine eigene strenge
Handwerksordnung. Um die Qualität – und
wohl auch die Verkaufspreise – hoch zu halten, beschränkte das Reglement die Produk-
tionsmengen. Grundsätzlich durften die Hütten nur von Ostern bis zum Martinstag, also
bis zum 11. November, Glas machen. Montags
durfte nichts hergestellt werden, wohl um den
Betrieb der Schmelzöfen am Sonntag zu verhindern. Jede Hütte durfte über nur einen
Streckofen für die Fensterglasproduktion ver-
fügen. Ein Meister hatte in der Regel zwei
oder drei Glasknechte: Der «Werker», der
auch den Glassatz bereitete, arbeitete zusammen mit dem Meister am «grossen Loch», der
«Trinkgläsner» am «kleinen Loch», und ein

Oben: Apothekerfläschchen aus Waldglas
(ca. 1700).
Unten: Waldglas: Sturzbecher (ca. 1400),
Meigelein (ca. 1600), Römer (ca. 1700).

«Strecker» fertigte gegebenenfalls das Fensterglas. Die Genossenschaft erlaubte dem Meister und Werker zusammen eine Tagesproduktion von nicht mehr als 200 *«kutterrolf oder was für kutterrolf geet»* oder von maximal 300 Bechern. Der Kutterrolf oder Guttrolf war eine bestimmte Flaschenart, von der noch die Rede sein wird. Der zweite Knecht, der *«vor dem cleinen loch steet»*, durfte täglich höchstens 100 Guttrolfe oder 175 Becher herstellen, und das Fertigungsquantum des Streckers war auf sechs Zentner Kleinglas oder vier Zentner Grossglas beschränkt. Stellten darüber hinaus Lehrlinge, die täglich nur drei Stunden produktiv arbeiteten, in dieser Zeit mehr als zwei Gläser her, dann mussten diese vernichtet oder auf die Zahl der vom Meister erzeugten angerechnet werden. – Mit *«uffgereckten fingern zu den heiligen»* beschworen alle 40 Glasmacher diese Ordnung vor dem *«edeln gnedigen heren graven Ludewicken, graven zu Rieneck»* in Aschaffenburg, den sie zugleich zu ihrem Gerichtsherrn machten. Wer die Vorschriften der Ordnung verletzte, hatte mit Verlust seiner Ehre und mit empfindlichen Geldstrafen zu rechnen. Recht gesprochen wurde beim jährlichen Genossenschaftstreffen am Pfingstmontag *«uff dem Spessart uffm Blechless»*.

Als sich Anfang des 16. Jahrhunderts in den Bauernkriegen die Spessarter Glasmacher auf die Seite der Bauern stellten, gerieten sie in Konflikt mit dem Landesherrn. Der grösste Teil des Spessarts gehörte damals zum Erzbistum Mainz, und der Bischof entzog den Hütten kurzerhand ihre Privilegien. Die Folgen für die Zunft waren indes weniger schwerwiegend, als es zunächst scheinen mag. Weil die Gläsner ohnehin ein Wanderhandwerk betrieben, zogen sie einfach ins angrenzende Hessen weiter, wo ihre Genossenschaft bald weitaus grössere Bedeutung erlangte als zuvor.

Seit 1537 nannte sie sich «Hessischer Gläsnerbund», und 20 Jahre später zählte sie 200 Mitglieder. Der Bund stand jetzt unter der Schirmherrschaft des Landgrafen Philipp von Hessen; seine angeschlossenen Hütten lagen aber keineswegs alle in dessen Hoheitsgebiet. Einzelne Mitglieder arbeiteten in Thüringen und sogar in Norddeutschland, und in der zweiten Hälfte des 16. Jahrhunderts schlossen sich der Vereinigung sogar Glasmacher in Schleswig-Holstein und Dänemark an. Zentrale Zunftstätte war Almerode im Kaufunger Wald. Der Ort bot sich an, denn neben gutem Glassand lieferte seine Umgebung auch feuerfesten Ton für den Aufbau der Schmelzöfen und Glaspfannen.

Die Produktionszahlen des gesamten Bundes waren trotz der selbst auferlegten Begrenzungen beachtlich. Rechnungen ergaben, dass sie bei 2,5 Millionen Biergläsern oder vier Millionen Bechern und rund 2000 Tonnen Fensterglas pro Jahr gelegen haben müssen. Beliebte Formen waren der «Spechter», ein schlankes, zylindrisches Trinkglas mit Buckel-, Quader- oder Rautenmusterung und meist hohem Hohlfuss; die doppelkonische Flasche, die wie zwei mit ihrer weiten Öffnung aufeinandergestülpte Trichter aussah, aber aus nur einem einzigen Hohlkörper gefertigt wurde; der Krautstrunk; der Scheuer, ein rundliches Trinkgefäss mit flachem Boden und ausgeprägtem, abstehendem Griff; und nicht zuletzt der Wein-Römer, der sich im 17. Jahrhundert aus einem flachfüssigen Nuppenbecher entwickelte. Daneben fertigten die Hütten stangen- und kolbenförmige Gläser und gewaltige schwere Humpen fürs Bier. Als Reichsadler-Humpen oder Kurfürsten-Humpen mit dem deutschen Adler oder anderen Reichsinsignien in Emailmalerei geschmückt, galten sie als typische Trinkgefässe für einen Willkommenstrunk bei gehobenem Anlass.

Die 1776 gegründete Waldglashütte
«Verrerie près de Roche» im Schweizer Jura
(Bild aus dem Jahre 1840).

Dass der «Willkomm» bisweilen bacchanalische Formen annahm, belegt der Bericht «Jus postandi» eines anonymen Autors aus dem frühen 17. Jahrhundert:

«... als da ist die grosze ungeheuere Humpe, welche man das Römische Reich nennt, dessen krafft und gewalt so grosz und mächtig ist, dasz sie wol auch den allerstärksten sauffritter dürfte ein bein stellen und wieder gottes boden darnieder werfen...»

Was den Anonymus mit verhaltener Bewunderung erfüllt, entsprach indes allgemeinem Brauch der Zeit. War das Glas kleiner, musste der Gast in deutschen Landen auf andere Weise seine Trinkfestigkeit beweisen. Da gab es nämlich auch die Passgläser, hohe Trinkgefässe, um die waagrecht angeschmolzene Glasringe verschiedene Füllhöhen, die «Pässe», markierten. Ein Trinkbüchlein aus dem Jahre 1567 vom Schloss Ambras in Tirol erklärt den Gebrauch der Passgläser, der *«... von wegen erzaigung guetter freundschafft, guetwilligkait und gesellschaft aufgericht worden, das ain yeder so in gemelt schlosz Ambrasz kombt ain glasz wie ein vässlein gestalt mit vier geschmeltzten raiflen* (den Pässen) *mit wein in ainem trunkh aus trinkhen soll ... welcher aber solches in ainen trunkh nit endet sonder absetzet, dem soll es wiederumb voll eingeschenkt werden auch aus dem schlosz nit weichen bis er solchen trunkh wie obgemelt vollendet hat...»*

Diese Art Freundschaftsbekundung forderte den Gast. Aber die übertriebenen Trinksitten dürfen nicht darüber hinwegtäuschen, dass die Glashütten mit der Zeit unter Absatzschwierigkeiten ihrer Produkte zu leiden hatten. Der Markt war weitgehend gesättigt, die Zahl der Hütten hatte seit der Gründung des Hessischen Bundes eher noch zugenommen, und die wirtschaftlichen Probleme im Vorfeld des Dreissigjährigen Kriegs schwächten die Kaufkraft in den deutschen Fürstentümern. Die Glasmacher versuchten, durch immer neue und immer ausgefallenere Formen der Trinkgefässe den Umsatz zu steigern. Von

50

konservativen Kritikern, die in den Standard-Glasformen eine Art Kulturgut sahen, ernteten sie Schelte. So schrieb der schon zitierte Mathesius: «... *die alten hatten jre spechter, krautsrünck, engster, piergleser, teubelein, brüderlein und feine trinckgleserlin ... Vor wenig jarn hat sichs alles mit trinkgeschirn verkeret, wie zwar auch schier ein yeder seinem gefesz ein sondern namen erdichtet. Denn nun macht man die unfletigen groszen wilkommen, narrengleser, die man kaumet aufheben kan. Etlich geben auch den glesern schentliche gestalt...*» Und ein anderer Kritiker monierte: «*Heutigen Tages trinken die Weltkinder und Trinkhelden aus Schiffen, Windmühlen ..., Büchsen, Stiefeln, Krummhörnern ..., Affen ..., Nonnen ..., Hirschen, Schweinen ... und anderen ungewöhnlichen Trinkgeschirren, die der Teufel erdacht hat, mit grossem Missfallen Gottes im Himmel.*»

Mag man die überschäumende Formfülle auch zum Teil der Experimentierfreude der Renaissance zuschreiben, der Verfall der stilsicheren Glaskunst der Waldglashütten im späten 16. und an der Wende zum 17. Jahrhundert lässt sich nicht leugnen.

Auch ein anderer struktureller Umschwung im Glashandwerk selbst machte sich um diese Zeit geltend. Der Holzverbrauch der Hütten war gewaltig. Man schätzte 1580 den jährlichen Bedarf einer einzigen Glashütte auf 2720 Festmeter. Alle Hütten des Hessischen Gläserbundes zusammengenommen hinterliessen daher Jahr für Jahr rund 12 500 Hektar Kahlschlag. Wie in England mussten deshalb auch die deutschen Glasmacher mehr und mehr auf Steinkohlenfeuerung übergehen, wodurch der Charakter und die Tradition der

Böhmische Humpen
mit Glasschnitt-Dekor (18. Jh.).

Wanderwaldhütten verlorengingen. Als zwischen 1618 und 1648 schliesslich der Dreissigjährige Krieg auf deutschem Boden wütete und 40 Prozent seiner Bewohner dahinraffte, war auch das Geschick des Hessischen Bundes und der ihm angeschlossenen Waldglashütten endgültig besiegelt. Zwar ist auch in späteren Jahrhunderten noch von Waldglas die Rede, doch bezieht sich diese Bezeichnung dann nur mehr auf grünes Glas. Mit seiner traditionsreichen Herkunft hat sie nichts mehr gemein.

Das Glas bei Hofe

Der Dreissigjährige Krieg liess ein ruiniertes Land zurück. Er weckte aber auch Wünsche. Wer immer nach Ende der Kriegswirren nicht nur mit heiler Haut davongekommen war, sondern auch über bescheidenen Reichtum – oder über neue Einnahmequellen – verfügte, wollte nach einem Dritteljahrhundert der Entbehrungen und des kollektiven Leids wieder so etwas wie persönlichen Lebensstil demonstrieren. Der freilich war nicht mehr wie in der

Illustrationen aus dem Glasbuch
«Verrerie en bois» von Diderot d'Alembert (1773):
Links: Sortieren und Waschen von Scherbenglas,
das der Fritte beigemischt werden soll.
Rechts: Arbeiten am Schmelzofen.

Renaissance vom sachlichen, vom forschenden Geist getragen, sondern durch einen gewissen Nachholbedarf an romantischem Lebensgefühl und praller Daseinsfreude geprägt. Besonders die absolutistische Macht anstrebenden Fürstenhöfe wollten jetzt festlich repräsentieren. Das durfte ruhig vordergründig geschehen, die gezügelte Erhabenheit

der Renaissance war nach den Kriegswirren nicht mehr gefragt.

Vom Geist der neuen Zeit profitierte auch die Glaskunst. Freilich musste sie ebenfalls mit Neuem aufwarten, wollte sie den Ansprüchen, die man an sie stellte, gerecht werden. Dem kam das Werk Caspar Lehmanns in Prag entgegen. Schon 1588 aus München zugewandert, hatte er dem Prager Hof Kaiser Rudolfs II. die Kunst des Glasschneidens beschert. Prag galt seit dem 14. Jahrhundert als Hochburg des meisterhaften Bergkristallschnitts, wie ihn dort zum Beispiel die aus Mailand stammende Familie Miseroni ausführte. Mit erlesen gearbeiteten Kristallgefässen trugen

die Prager Kunsthandwerker seit langem zur
Bereicherung so manches königlichen und
kaiserlichen Hausschatzes in Europa bei. Glas
liess sich bisher nicht auf diese Weise bearbeiten, denn die dickwandigen Erzeugnisse der
Waldglashütten enthielten Schlieren und Blasen und eigneten sich auch wegen ihrer Farbe
nicht als Grundmaterial für brillante Schnei-
dearbeiten; die wasserklaren Cristalli der Venezianischen Schule hingegen waren für den
Schnitt viel zu dünnwandig. Wo Lehmann ge-
lernt hatte, Glas zu fertigen und ebenso gediegen zu schneiden wie Bergkristall, ist umstrit-
ten. Manche Historiker glauben, er habe die
erforderlichen Kenntnisse in München am
Hofe von Herzog Wilhelm V. erworben, andere – auch zeitgenössische – Quellen behaup-
ten, er habe den Glasschnitt in Prag selbst
erfunden. Fest steht, dass er um die Wende
zum 17. Jahrhundert dem überraschten und
erfreuten europäischen Adel geschnittene
Gläser bescherte, die sich durchaus mit geschnittenen Bergkristallen messen konnten.
Ihr Vorteil lag im weitaus günstigeren Preis
und darin, dass sie – im Gegensatz zu den
immer rarer werdenden Bergkristallen – überhaupt in nennenswerten Stückzahlen zu haben waren. 1610 adelte Kaiser Rudolf II. den
inzwischen hoch geachteten Lehmann als
Herrn vom «Löwenwald» und erteilte ihm ein
erbliches Privileg für den Glasschnitt. Dieses
verbriefte Recht schützte den Meister freilich
nicht vor Plagiatoren. Bald tauchten auch in
Dresden, wo sich Lehmann zwei Jahre lang
aufgehalten hatte, und in Nürnberg Glasschneider auf.

Deckelpokal von Samuel Schwartz (1681–1737)
zur 200-Jahr-Feier der Augsburger Konfession.

1618 nahm der Meister den 17jährigen Nürnberger Georg Schwanhardt in die Lehre, und als Caspar Lehmann vier Jahre später starb, vererbte er dem inzwischen ausgelernten Schwanhardt das kaiserliche Glasschneider-Privileg. Der ging in seine Heimatstadt Nürnberg zurück und vervollkommnete dort seine Kunst durch von ihm selbst erfundene Techniken, zum Beispiel, den Blankschnitt oder in die Glaswand eingeschliffene und polierte optische Linsen, durch die sich die geschnittenen Bilder der gegenüberliegenden Wand verkleinert betrachten liessen.

Weil der Dreissigjährige Krieg den Nürnberger Raum verschonte, konnte sich Schwanhardts Gewerbe nach dem Friedensschluss 1648 besonders rasch entfalten. Inzwischen hatten sich auch seine fünf Kinder, zwei Söhne und drei Töchter, der Kunst des Vaters verschrieben. Sie alle leisteten Grosses; und von seinem ältesten Sohn, Heinrich, sagte der Zeitgenosse Sandrart sogar, *«... dass er seinen Vatter weit übertroffen, zumal weil er sich auf anderer und andern Academien in der Zeichenkunst der nakenden und bekleidten Bilder fleissig geübet.»* Um 1670 erfand Heinrich Schwanhardt durch einen Zufall die Glasätzung.

Die rasch um sich greifende Repräsentationssucht der europäischen Fürsten- und Königshäuser gab dem Nürnberger Glasschneidergewerbe in der zweiten Hälfte des 17. Jahrhunderts beachtlichen Auftrieb. Die Manufakturen der Schwanhardts und ihrer Konkurrenten, etwa Hermann Schwinger, Johann Wolfgang Schmidt, Paulus Eder oder Georg Friedrich Killinger, genossen weit über die Landesgrenzen hinweg grossen Ruhm. Vor allem Killinger gelang es, das barocke Formengefühl der Zeit in die Glaskunst umzusetzen, denn er verwendete erstmals das in Böhmen seit kurzem gefertigte Kreideglas, das, beson-

ders homogen und zugleich dickwandig, sehr kräftige, tiefe Schnitte und damit sehr plastische und schwellende Formen zuliess. Killinger verlieh dem Geist des Barocks aber nicht nur durch seine Technik, sondern auch durch den verstärkten Gebrauch von Laub- und Bandornamentmotiven auf seinen Gläsern Ausdruck.

Einen Schritt weiter konnte 1680 der berühmte schlesische Glasschneider Friedrich Winter gehen, als er den Hochschnitt erfand. Im Gegensatz zum bisher geübten Tiefschnitt, bei dem die Figuren in das Glas eingeschnitten waren, arbeitete Winter seine Gestalten halbreliefartig bis zu sieben Millimeter stark aus bis zu einem Zentimeter dicken Glaswänden heraus. Welch wundervolle Technik für die Wiedergabe üppiger Ornamente, saftiger Früchte, draller nackter Barockschönheiten oder lüsterner bocksfüssiger Waldgötter!

In Schlesien, vor allem im Hirschberger Tal, florierte die Kunst des Glasschneidens. Ihre tragende Figur war zweifellos Friedrich Winter. Sein Bruder, Martin Winter, konkurrierte auf demselben Gebiet in Potsdam, wo er zusammen mit dem Glasschneider Spillner dem kräftigen Tiefschnitt zu neuerlichem Ruhm verhalf. Daneben profilierten sich mit der Zeit auch Böhmen, Thüringen und Hessen als Glaskunstzentren des Barocks. Im Ausland kamen die Glashütten der Niederlande – hier gedieh im Gegensatz zum deutschen Glasschnitt die Diamantgravur –, Norwegens und besonders auch Englands zu grösserer Bedeutung. In England gelang 1676 ein äusserst zeitgemässer Durchbruch mit der Erfindung des Bleiglases, das sich durch besonderen Glanz auszeichnete.

Emailbemalter Humpen
der Coburger Bäckerzunft (1649).

Von den unterschiedlichen Techniken des Tief- und Hochschnitts oder der Gravur abgesehen, ähnelten sich die Gläser dieser Zeit nicht nur motivlich, sondern auch in der Verarbeitung. Die Pokale wirkten gedrungen, ihre Schäfte waren massiv und oft durch Ringe, Kugeln oder ähnliche Formen gegliedert. Später verzierten Facetten, Kanten- oder Kugelschliffe die Schäfte und bisweilen auch die Füsse, und schliesslich lösten – besonders bei Massenware – schliffähnlich gepresste Schäfte die Handarbeit im Unterteil der Gläser ab.

Eine Besonderheit mancher Barockgläser nach 1680 war die in den Schaft eingestochene Luftblase. Was relativ einfach aussah, verlangte eine ausgefeilte Kunstfertigkeit: In die noch plastische Glasmasse stach der Meister eine metallene Hohlnadel ein und liess durch die entstandene Kanüle von einem «Watsch», einem wassergetränkten Papierbausch, Wasserdampf in das Glas ein. Dann verschmolz er die Öffnung und erhitzte das Glas nochmals. Dabei expandierte der Wasserdampf und gab der eingeschlossenen Blase ihre endgültige Gestalt. Meisterhaft eingebrachte Blasen zeichneten sich durch einen besonderen inneren Glanz aus.

Die Beliebtheit des Glases im Barock führte bald zum Überangebot an rasch und schlecht ausgebildeten Glashandwerkern und zur Massenproduktion minderer Qualität. Friedrich Winter in Schlesien beklagte das. Er sah zwar die Notwendigkeit der grossen Fertigungsmengen ein, wollte aber gute Qualität gewahrt wissen. So richtete er mit finanzieller Unterstützung des Grafen Christoph Leopold Schaffgotsch im schlesischen Petersdorf 1690/91 ein mechanisches Schleifwerk ein. Zunächst wollte er es durch ein Pferdegöpelwerk antreiben lassen, besann sich dann aber der Wasserkraft. Andere Landesherren eiferten ihm nach: Unter dem Grossen Kurfürsten entstand fast gleichzeitig ein wassermühlengetriebenes Glasschleifwerk in Potsdam; die Bauarbeiten hierfür gingen sogar schon auf das Jahr 1687 zurück. Der Landgraf Carl von Hessen-Cassel richtete eine Edelsteinschleiferei in Kassel ein. Und August der Starke liess bei Ostra eine Schleif- und Poliermühle bauen. Überall entstanden jetzt in diesen mechanischen Werkstätten erlesene Barock-Hochschnittgläser.

Perfektionismus machte sich bemerkbar. Mit der zum Standard gewordenen Qualitätstechnik verfeinerten sich auch die Formen und Muster, was andererseits dem langsamen Wandel des Stilempfindens vom Barock zum Rokoko entgegenkam. Eingestochene Luftblasen reihten sich jetzt zu brillanten, manchmal sogar gewundenen Perlenschnüren aneinander, raffinierte Facettenschliffe liessen die Gläser wie edle Geschmeide funkeln, zierliche Schaftflügel und minuziös eingeschnittene fernöstliche Garten- und Tempelszenen, sogenannte Chinoiserien, gaben dem Glas eine leichte, eine überaus zerbrechliche Note. Beliebt waren jetzt auch vergoldete Mund- und Fussränder oder goldbelegte eingeschliffene Palmwedel-Motive und Wappen.

Als grosser Kunstfreund sah sich der Alte Fritz als Mäzen der Glashütten und speziell der Glasschneider. Doch gut gemeint ist oft das Gegenteil von gut. Als 1742 Schlesien zu Preussen kam, wurde Friedrich der Grosse mit der harten Konkurrenzsituation zwischen der Zechliner Hütte – sie hatte die Nachfolge der berühmten Potsdamer Manufaktur angetreten – und den Glasschleifereien von Warmbrunn im Hirschberger Tal konfrontiert. Der Monarch kannte die drückenden kommerziellen Sorgen der Glaskünstler, er wusste von der grossen Arbeitslosigkeit in diesem Gewerbe und vom Überangebot auf dem Glasmarkt. Er wollte helfen und tat genau das Falsche: 1764 erliess er eine Verfügung, die jedem neu zuziehenden Glasschneider, Glasschleifer oder Glasvergolder nicht nur eine einmalige Prämie von 25 Talern, sondern auch Steuerfreiheit, ein kostenloses Grundstück und zinslose Kredite zum Hausbau und zur Existenzgründung garantierte, damit, wie er sich ausdrückte, «... *nun die Glasfabrique in Schlesien so viel als möglich immer weiter poussiert werde.*» Die Folge war ein reger Zugang von Glaskünstlern aus Böhmen und damit natürlich eine weitere Steigerung des Überange-

Deutscher Marissenkrug mit Deckel (19. Jh.).

bots. Der Markt allerdings wurde nicht aufnahmefähiger, denn die Produkte blieben teuer, weil wegen der Subventionen der Konkurrenzdruck fehlte. Als der in Sachen Glaswirtschaft ungeschickte «Erste Diener seines Volkes», wie sich Friedrich der Grosse bekanntlich selbst nannte, 1786 starb, hatte er einen ökonomischen Scherbenhaufen in dieser Branche zurückgelassen. Seine Nachfolger kümmerte das wenig. Sie hielten sich an die Worte des Ministers von Hoym, der feststellte, *«dass geschnittene Gläser ohnehin nicht mehr zeitgemäss seien.»* Der aufgeklärte Absolutismus leitete vom Barock und Rokoko zu klassizistischen Gedanken über. Der Geschmack änderte sich. Üppige Formen, verspielte Schnörkel und überladene Flächen waren nicht mehr gefragt.

Glaskunst kontra Pressglas

Das 19. Jahrhundert bescherte zumindest Europa zwar immer wieder neue Impulse und ansatzweise neue Lebensgefühle, aber die einen lösten die anderen rasch und im Laufe der Zeit immer rascher ab, so dass sich rückblickend kaum ein einheitliches Bild präsentiert. Unterschiedliche Philosophien und Kunststile gingen gleichermassen ineinander über oder konkurrierten miteinander. Dazu kam der zeitliche Versatz der Entwicklung in verschiedenen Ländern. Kaum versuchten der Klassizismus und in seinem Gefolge das Empire den tradierten Barock-Formenreichtum zugunsten betonter Einfachheit zurückzudrängen, als auch schon die bürgerliche Gegenströmung der Romantik zu neuerlicher Verspieltheit aufrief. Politische Wirren trugen das Ihre zum Durcheinander des Jahrhunderts bei: So wirkte das behäbig-betuliche Biedermeier wie ein geruhsames Entspannen

nach den Napoleonischen Kriegen, indem es schwerfällig versuchte, an Stilelemente des vergangenen Jahrhunderts anzuknüpfen. Doch störte die mit Macht aufkeimende junge Industrie mit ihrem überschäumenden Ideenreichtum und einem zu neuem Wohlstand gelangenden Bürgertum sogleich die besonnene retrospektive Behaglichkeit.

All diese sich gegenseitig durchdringenden Zeitströmungen des 19. Jahrhunderts spiegelten sich im Glas wider. Nicht immer freilich war das Spiegelbild jetzt eine getreue Wiedergabe des jeweiligen Zeitgeistes; denn die Glashütten und Glasarbeiter hinkten der schnellebigen Entwicklung in ihrer Fertigung zuweilen etwas nach, Künstlerschulen stellten sich nur langsam um, und zahlreiche neue Fertigungstechniken und Glasrezepturen verliehen der Branche Gestaltungsimpulse, die über zeitgenössische Stilelemente hinausreichten.

Ein Versuch, Ordnung in die eindrucksvolle Vielfalt des Glases im 19. Jahrhundert zu bringen, kann von zwei Ansatzpunkten ausgehen: von der gut etablierten böhmischen Glasmachertradition oder vom intellektuellen Gehabe, das gegen Ende des 18. Jahrhunderts den Zeitgeist der Barock-Rokoko-Ära endgültig überwand. Beide standen miteinander nicht à priori in Einklang, denn die böhmi-

schen Glaskünstler beriefen sich auf ihre Perfektion im Glasschnitt, während der nüchternsachliche Geschmack um die Jahrhundertwende diese Art Verzierung so weit wie möglich zurückzudrängen versuchte. Was beide aber verband, war die Freude am Experimentieren, die Suche nach Neuem. Dieses Neue offenbarte sich zunächst in klaren Formen, in rechteckigen Fussplatten von Pokalen und Vasen, in strengen Ornamenten wie einfachen Girlanden, in geschlossenen Medaillons oder martialischen Wappen inmitten sonst freier Flächen, in plakativen Farben oder in Doppelwandgläsern mit eingelegten Glas-Edelmetall-Silhouetten.

Der böhmische Glasmacher Friedrich Egermann entwickelte, angeregt durch den neuen Geist, neue Techniken. 1809 erfand er das wie matter Marmor wirkende «Beinglas», 1818 entdeckte er die Silberbeize neu. Sie soll schon im Spätmittelalter bekannt gewesen sein, war aber wieder in Vergessenheit geraten. Mit ihr liessen sich Gläser mit feiner gelber bis rötlicher Oberflächenglasur erzeugen. Das Verfahren verhalf den damals modernen unverzierten Flächen zu einer völlig neuartigen Wirkung und Egermann zu Ruhm und Reichtum. Nicht genug damit: Sechs Jahre später verbesserte der unermüdliche Experimentator die weisse Emailfarbe, und zugleich

erfand er das Perlmuttemail. 1828 liess sich Egermann sein neues Lithyalinglas patentieren, das perfekt marmorierte Halbedelsteine wie Onyx oder Bandachat imitierte. 1831/32 stellte er der Öffentlichkeit nach einem komplizierten Verfahren mit Kupferoxid rot lasierte Gläser vor.

Egermanns Impulse reichten damit weit über die Zeit des Klassizismus und Empire hinaus, die nach kurzer Blüte zumindest für das Glas schon mit den Befreiungskriegen 1815 wieder zu Ende ging.

Französische Glaskünstler trugen Anfang des 19. Jahrhunderts durch die Erfindung der Inkrustation zur Oberflächengestaltung bei.

Sie brachten eine weisse Paste aus pulverisiertem Porzellan und Kristallglasscherben auf das Glas auf und brannten sie leicht ein. – Mit Egermanns Bein- und Lythalinglas konkurrierten allenthalben in Europa andere sogenannte Steingläser: In Südböhmen entstanden schon 1803 und 1817 das lackrote und das schwarze Hyalith. Im Rheinland, in Schlesien und in Frankreich kamen die Glastypen Haematin und Purpurin sowie Aquamarin-, Aventurin-, Jaspis-, Lapislazuli-, Malachit-, Porphyr- und Rosalingläser auf den Markt. Besonderer Beliebtheit erfreute sich das lumineszierende Uranglas.

Die verschiedenen Farb- und Steingläser entsprachen hervorragend dem Geschmack des Biedermeier, das auch die zweifarbigen Überfanggläser neu entdeckte. So farbenfroh wie in der romantisierenden Zeit zwischen 1815 und der Märzrevolution (1848) gab sich das Glas kaum ein zweites Mal in seiner gesamten Geschichte. Zugleich erlebte im Biedermeier der Glasschnitt – vor allem in Böhmen, Schlesien und Frankreich – eine neue Blüte. Besonders berühmt wurde der Prager Dominik Biman, der seine Arbeiten auch mit Bieman oder Biemann signierte. Er war ein Meister im Portraitschneiden. Andere Könner ihres Faches verzierten Glasbecher und Pokale jetzt mit Pferde- und Jagdmotiven, Landschaften oder Madonnen und ähnlichen sakralen Figuren. Zum Teil bedienten sie sich neben dem klassischen Glasschnitt auch alter und neuer Arten des Glasschleifens.

Mit der Wiederentdeckung der «verloren gewesenen» Transparentmalerei auf Glas, die der Merseburger Porzellanmaler Samuel Mohn schon Anfang des Jahrhunderts machte, bekam im Biedermeier auch die Glasmalerei ganz allgemein neuen Auftrieb. Mohn selbst wählte neben Städteansichten, Schlössern und anderen Baudenkmälern vor allem vielfarbige Motive wie Blumen und bunte Schmetterlinge, «worin der Kenner alle bekannte Farben beisammen findet,» wie er sagte. Auch ihm erwuchs vielerorts lebhafte Konkurrenz. Zu ausgesprochenen Feinglasmalereizentren entwickelten sich neben Leipzig, wo Samuel Mohn und sein Sohn Gottlob Samuel Mohn wirkten, unter anderem die Städte Dresden, Lichtenfels am Main, Göttingen und ganz besonders Wien. In der österreichischen Metropole wurde bis 1840 Anton Kothgasser zum wohl berühmtesten Glasfeinmaler seiner Zeit.

Wirkte der sprunghafte Geist des 19. Jahrhunderts befruchtend auf alle nur erdenklichen kunsthandwerklichen Glastechniken, so entfalteten sich in derselben Zeit auch Kräfte, die genau das Gegenteil anstrebten. Sie entsprangen der Mechanisierung des Handwerks. Schon um 1810 gelang es den Engländern, Pressglas herzustellen. Zunächst waren es Schalen und Teller, die einfach zwischen einer konkaven Metallform und einem in diese hinabgesenkten konvexen Stempel entstanden. Bald nahmen die jungen amerikanischen Glashütten – um 1800 waren es neun, 1837 bereits rund 100 – den britischen Gedanken der Massenglasfertigung auf und bauten immer raffiniertere Pressmaschinen. 1827 gelang es zwei amerikanischen Hütten in Cambridge (Massachussetts) und Boston, Hohlglas zu pressen, und 1830 presste ein Unternehmen in Kensington (Philadelphia) erstmals Flaschen. Die Produkte waren keineswegs mit heutigen Einwegflaschen zu vergleichen, sie versuchten durchaus, dem Geist der Zeit gerecht zu werden, wie die halbmaschinell in Formen geblasenen «historial flasks», die mit Präsidentenporträts, Wappen oder Siegesgöttinnen als Verzierung aufwarteten.

Bald entstand Massenglasware, nunmehr nach amerikanischem Vorbild, auch überall in

Europa. Führend war England; aber auch Frankreich, Deutschland und Österreich stiessen massiv auf den neuen Markt vor. Auf den europäischen historisierenden Pressgläsern prangten Erzherzog-Johann-Porträts, Reichsadler oder andere hoheitliche Embleme. Ein französischer Hersteller verlieh seinen «flacons de cheminée» sogar die äussere Form von Prominentenbüsten. Dem modernen technischen Kitsch erlag sogar der Geheime Rat von Goethe: Sein Arbeitszimmer zierte eine opalgläserne gepresste Napoleonbüste-Flasche.

Natürlich blieb die besorgte Kritik der Kunstliebhaber nicht aus. Gegen Mitte des Jahrhunderts zogen sie gegen das Pressglas mit der Wiederbelebung klassischer Handarbeit zu Felde. Dieser Historismus nahm die gesamten alten Formenschätze von der Antike über das Mittelalter bis in die frühe Neuzeit wieder auf. Zwar bediente er sich dabei auch der zahlreichen neuen Glasarten des 19. Jahrhunderts, aber viele Gläser dieser Restaurationszeit waren den alten Vorbildern so vollkommen nachempfunden, dass auch Experten von heute manche Stücke dieser Epoche kaum eindeutig zuordnen können. Das gilt besonders für Arbeiten der Kölner Ehrenfeldhütte.

Der Historismus, der sich ja als Gegenbewegung zur kalten mechanischen Welt verstand, rief – typisch für das Jahrhundert – natürlich bald seinerseits eine Gegenbewegung auf den Plan, die allerdings mit Massenfertigung ebenfalls nicht viel im Sinn hatte. Sie wollte durchaus das Kunsthandwerk, sah dessen Aufgabe aber nicht im starren Imitie-

ren längst überholter Formen, sondern im Vorstoss zu neuen Ufern. Er sollte dem Geist der Zeit Ausdruck verleihen. «Art nouveau» nannte sich diese Richtung denn auch, zu deutsch «Jugendstil».

Erinnerung an die Wurzeln

Die Industrialisierung und die gleichzeitige Ausweitung des Welthandels in der zweiten Hälfte des 19. Jahrhunderts drohten eine tödliche Gefahr für das bodenständige Kunsthandwerk zu werden. Besonders deutlich wurde das, als 1851 in London die erste Weltausstellung in Paxtons Kristallpalast aus Glas und Stahl internationale Schlagzeilen machte. Es war eine Schau der Superlative, aber es war zugleich auch eine Schau der Industrie, der Massenguterzeuger. Die Kunstwelt reagierte auf dieses Spektakel spontan. Selbstkritisch

Französische Jugendstilgläser von Daum und Galli (1910).

forderte sie ihr eigenes Eintreten für das Lebendige, für die Natur, für das organische, nicht für das technische Wachstum.

In dieser Zeit wuchs Emil Gallé, der Sohn eines Glasmachers aus Saint-Clément, auf. Er studierte zunächst in Weimar Mineralogie, erlernte 1866 als Zwanzigjähriger in Lothringen das Glasschneiden und fiel bald durch eigene Entwürfe auf, als er 1867 seine Arbeiten auf der Pariser Weltausstellung zeigte. *«Unsere Wurzeln sind in der Tiefe der Wälder»*, formulierte der naturbegeisterte junge Mann, *«unter dem Moos, in der Umgebung der Quellen»*.

Neben Gallé profilierte sich auf derselben Ausstellung auch ein Fachkollege: François Eugène Rousseau. Er hatte in London ostasiatische Naturmotive für die Glaskunst entdeckt. Das lag an sich nahe, denn im erst reichlich zwei Jahrzehnte zurückliegenden Opiumkrieg hatte Europa in China Handelsniederlassungen erzwungen, und als Folge waren unter anderem zahlreiche chinesische und auch japanische Kunstwerke – besonders Vasen und Rollbilder – in den Westen gelangt. Neben Rousseau profitierten auch andere Glaskünstler von fernöstlichen Anregungen, etwa Eugène Michel, dessen meisterhafte Glasschnitte an japanische Farbholzschnitte und die kontrastreiche chinesische Überfangtechnik erinnerten.

Alle drei Meister wirkten schulbildend. Besonders Gallé versammelte in seiner Manufaktur in Nancy zeitweise mehrere Hundert Glasschneider. Die Arbeiten des Hauses errangen auf nationalen und internationalen Ausstellungen Preise über Preise. Gallé selbst erhielt 1900 auf der Weltausstellung in Paris gleich zweimal den Grand Prix und dazu das Offizierskreuz der Ehrenlegion.

Die französischen Vorreiter der «Art nouveau» fanden international Nachahmer. Besonders in Deutschland, Böhmen und den USA bestimmten die natürlichen Wurzeln, der Formenschatz der Botanik, aber auch der Libellen, Schmetterlinge und anderer zarter Tiergestalten das Glasdessin. Nur in England dominierten eher geometrische Stilelemente. Unterschiede zeigten sich in der Bearbeitung: Während die französischen Künstler das Glas bevorzugt schliffen und schnitten, neigten die Deutschen eher zur plastischen Gestaltung vor der Flamme.

1869 fand sich in Paris der einundzwanzigjährige Sohn eines amerikanischen Silberwarenfabrikanten mit der Art nouveau konfrontiert, der Kunststudent Louis Comfort Tiffany. Er hatte sich bisher mit Malerei beschäftigt und wandte sich jetzt, unter dem Einfluss eines namhaften Kunsthändlers und Vorreiters der Art nouveau, Siegfried Bing, der Glasmalerei und später auch dem Entwurf von Beleuchtungskörpern zu. Daneben betätigte er sich als Juwelier. 1878 machte er durch sein erstes Kirchenfenster in der Episcopal Church in Islip auf Long Island von sich reden. Ein Jahr später gründete er die Tiffany Glass and Decorating Company in New York, 1892 die Tiffany Studios. Zu Weltruhm verhalf ihm schliesslich die Erfindung des «Favril»-Glases, wie er es nannte. Als Freund der ägyptischen Glaskunst hatte er versucht, das durch Verwitterung der alten Stücke entstandene Irisieren, den an Schmetterlingsflügel erinnernden schillernden Glanz, künstlich zu erzeugen; und genau das war ihm 1893 gelungen. Umgehend fand er Nachahmer nicht nur in den USA, sondern auch in den renommierten europäischen Glaszentren: in Frankreich, Deutschland, Böhmen und Österreich. In Wien entstand 1897 sogar eine eigene Schule für die Pflege dieses neuen Glasstils: die «Wiener Secession».

Art nouveau und Jugendstil brachten auch noch andere Formen neuer Glasoberflächen hervor, als die von Tiffany erfundene. Verbreitung erlangten vor allem Craquelé-Gläser und ein halb opakes, schaumiges Glas, wie es ähnlich schon die Ägypter und Römer kannten. Es wurde aus einer «Pâte-de-verre», einer Paste aus gestossenem Glas, bei niedrigen Temperaturen vor allem zu Schalen und Kleinplastiken verschmolzen.

Wie jeder mit grossem Überschwang und jugendlicher Begeisterung initiierten Kunstbewegung war auch der Art nouveau kein besonders langes Leben beschieden. Schon zu Anfang des 20. Jahrhunderts löste eine mehr geometrisch-ornamentale Richtung den rein floralen Geschmack ab, und mit dem Ersten Weltkrieg fand der Jugendstil praktisch sein Ende. Dennoch steht er uns auch heute vielfach noch näher, als es den Anschein haben mag. Kein Wunder, denn noch immer suchen die Menschen der westlichen Welt nach Gegengewichten zur nüchternen Technisierung ihres Lebensraums. So erlebte der Jugendstil denn mehrfach Ansätze von Comebacks, und die Ergebnisse liessen sich vom künstlerischen Wert durchaus mit den Produkten der Avantgarde im vergangenen Jahrhundert vergleichen. Als Beispiel sei nur die in Form und Farbe stilsicher kreierte Serie «Arte Nova» der Schott-Zwiesel AG angeführt. Sie beweist, dass auch historische Kunst – wenn sie sich zu originärem Ausdruck aufschwingt – zeitlos sein kann.

Die unentbehrliche Schönheit des vollkommen nützlichen Gegenstandes

Jahrhunderte-, wenn nicht jahrtausendelang war die Glaskunst Ausdruck der jeweiligen Gesellschafts- und Lebensform, soweit der Stand der Glastechnik das zuliess. Im 19. Jahrhundert verstand sie sich eher als Vehikel der Reaktion, oft genug sogar des Protests. Der Klassizismus wandte sich gegen die Repräsentations- und Prunksucht, die Romantik gegen die mit dem Geist des Klassizismus einhergehende Nüchternheit und Versachlichung. Das Biedermeier lässt sich als passiver Widerstand gegen die einsetzende Vorherrschaft von Naturwissenschaften und Technik verstehen, der Historismus als systematischer Versuch, dieser neuen Welt des Fortschritts den Rückschritt entgegenzuhalten, und der Jugendstil schliesslich als schwungvoll-naiver Versuch, den Weg in die industrialisierte Massengesellschaft frohgemut zu ignorieren. Fakten beseitigen konnten alle diese Kunstrichtungen natürlich ebensowenig, wie Fakten begreifen. Sie setzten sich nicht mit der Realität auseinander, sondern allenfalls über diese hinweg. Das konnte allerdings immer nur kurzfristig gelingen, denn mögliche Stossrichtungen für Fluchtversuche gibt es viele. Wer statt der gesellschaftlichen Realität Alternativen zu dieser beschreiben will, hat stets einen weit grösseren Spielraum als der künstlerische Chronist. Er kann durchaus genial kreativ sein, aber er wird schwerlich einen generell anerkannten Ausdruck des Zeitgeistes liefern.

Nun fragt es sich freilich, ob es in Epochen des gesellschaftlichen Umbruchs überhaupt so etwas wie einen verbindlichen Zeitgeist gibt. Revolutionären teilen die Geister stets in konservative, in progressive und solche, die mit der ganzen Sache am liebsten überhaupt nichts zu tun haben wollen und deshalb eigene Wege suchen, die sich später nicht selten als anachronistische Abwege erweisen. Besonders der industriellen Revolution – die ja nicht in erster Linie von Philosophie, sondern von Stahl und Eisen getragen wurde – standen die kunstbeflissenen Menschen jahrzehntelang ratlos gegenüber. Die

Seite 64
Oben: Moderne Glasvasen mit säuregeätztem
klassischem Design (um 1930).
Unten: Mundgeblasene Krüge «Maron»
der traditionsreichen Christinenhütte im
Bayerischen Wald.

Seite 65
Zeitgenössisches Bleikristallglas «Anemone».

Kunst-Avantgarde, die sich mit den neuen Errungenschaften identifizieren konnte, fand allenfals auf dem Gebiet der Architektur nahrhaften Boden. Sie baute Stahlgitterbrücken, den Eiffelturm und – um das Glas mit einzubeziehen – Kristallpaläste, wie jenen in London oder die Jahrhunderthalle in Breslau. Von den Konservativen und den Aussenseitern, den Historisierenden und Seitenwege Suchenden, war schon die Rede. Von der Kunst wirklich verstanden wurde der Wandel zur industriellen Massengesellschaft erst, nachdem er sich bereits vollzogen hatte, nachdem das neue Gesicht der Gesellschaft Profil gewonnen hatte. Dieses Profil heisst in den Industrienationen des Westens und des Ostens gleichermassen Massenfertigung und Massenkonsum. Dagegen lässt sich nicht protestieren. Und das lässt sich auch nicht ignorieren. Es ist ein Faktum. Will die Kunst, der das Massendenken von Haus aus fremd ist, mit den ihr eigenen Mitteln das Beste daraus machen, dann darf sie sich gegen die neuen Wege der Technik nicht wehren, dann muss sie diese auf ihre Weise nutzen. Genau das geschah mit der Geburt eines neuen künstlerischen Berufs: des Designers. Er schlägt die Brücke von der rein funktionellen Massenfertigung zu dem, was man heute mit Ausdrükken wie «gute Industrieform» belegt.

Van de Velde erkannte die sich anbahnenden künstlerischen Möglichkeiten der Industrie bereits 1907: *«Der vollkommen nützliche Gegenstand, der nach dem Prinzip einer rationellen und folgerichtigen Konstruktion geschaffen wurde, erfüllt die erste Bedingung der Schönheit, erfüllt eine unentbehrliche Schönheit.»* Seiner Einsicht folgend, etablierte sich im selben Jahr in München der Deutsche Werkbund, eine Vereinigung von 15 Künstlern und 12 Firmen, die sich *«die Veredlung der gewerblichen Arbeit im Zusammenwirken*

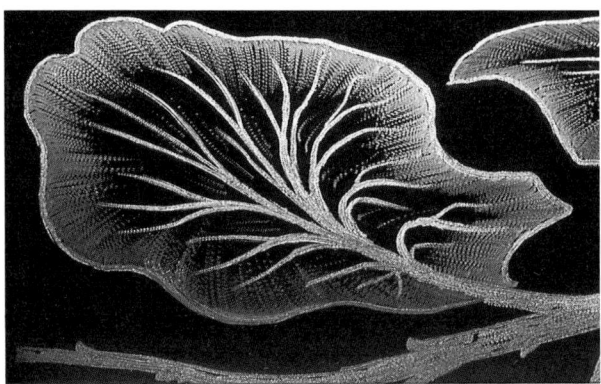

von Kunst, Industrie, Handel und Handwerk» zum Ziel setzte. Sie wich der Konfrontation mit der Technik nicht nur nicht aus, sie versuchte die neuen Gegebenheiten zu nutzen und gezielt zu beeinflussen. Die Stilrichtung der Neuen Sachlichkeit, der Funktionalismus der Zeit nach dem Ersten Weltkrieg, hat hier ihre ersten Keime.

Wie kaum anders zu erwarten, beeinflussten zunächst besonders Architekten diese künstlerische Synthese aus Funktion und Ästhetik, die ihre Wurzeln in Deutschland und Österreich hatte. In die Glaskunst trugen zuerst Mitglieder der Wiener Secession und Meister der Kunstglashütten in Zwiesel im Bayerischen Wald das neue Gedankengut: den Verzicht auf rein dekorative Strukturen zugunsten der klaren funktionellen Form. Diese trat denn auch, allen störenden Beiwerks entblösst, ausgesprochen elegant in Erscheinung. Jahrhundertelang hatten die Glaskünstler insgeheim eine Trennung zwischen dem Material, der durch den Verwendungszweck aufgezwungenen Form und der künstlerischen Ausgestaltung vollzogen. Sie stellten etwa ein Trinkglas aus Fuss, Schaft und Kuppa her und suchten dann nach freien Partien, die, ohne den Verwendungszweck allzusehr einzuschränken, als Plakatwände für ihre künstlerische Botschaft herhalten konnten. Sie schweissten Schnörkel und Flügel an den Schaft oder Nuppen und Bänder an die Kuppawand, sie brachten auf freien Flächen Gravuren, Schnittdekors und Malereien an. Sie färbten das Glas und veränderten trickreich

seine Oberfläche. Der Funktionalismus empfand die meisten dieser nachträglich angebrachten Attribute als überflüssig, wenn nicht gar als lästig. Die Funktion eines Gebrauchsgegenstands und allenfalls noch der Charakter seines möglichst reinen Grundmaterials galten jetzt als primäre Gestaltungselemente.

Gewaltigen Aufwind gewann die Neue Sachlichkeit durch die Künstlervereinigung

Bauhaus in Weimar, die bewusst Kontakte zur Industrie suchte und sich gezielt im Design übte. Auf dem Glassektor arbeitete der Leiter der Bauhaustöpferei, Gerhard Marcks, intensiv mit dem berühmten Glaswerk Schott & Genossen in Jena zusammen. Die eigentliche Glaswerkstatt des Bauhauses beschäftigte sich dagegen nur mit Glasmalerei. Die Firma Schott zog zwischen den beiden Weltkriegen mit ihren grossindustriellen Möglichkeiten der Glasproduktion und vor allem mit ihrem äusserst funktionellen neuen «Jenaer feuerfesten Glas» auch andere berühmte Vertreter des Glasdesigns an, unter ihnen Wilhelm Wagenfeld, dessen Name mit dem weltweiten Siegeszug eben dieses «Jenaer Glases» untrennbar verknüpft ist. Die Schule des international vielfach ausgezeichneten Künstlers, der 1954 die «Werkstatt Wagenfeld» als eigenes Glasdesign-Studio gründete, brachte einen weiteren bedeutenden Glaskünstler hervor: Heinrich Löffelhardt, der ebenfalls zunächst mit Jenaer Glas arbeitete und dafür den Grand Prix der Mailänder Triennale, seit 1923 internationales Forum für Industrie, Kunst und Architektur, erhielt. Löffelhardt befruchtete auch das Schaffen der Vereinigten Farbglaswerke AG in Zwiesel.

Die deutsche Bewegung der Neuen Sachlichkeit erregte nicht zuletzt durch Künstler wie Wagenfeld und Löffelhardt auf dem Glassektor internationale Beachtung. Weltweit gewann sie bedeutende Anhänger, die aber oft den Grundsatz der alleinigen Funktionalität des Glases nicht ganz so streng handhaben, wie die Begründer der Neuen Sachlichkeit. Sie erlaubten sich auch ein dezentes Dekor und die Form unterstreichende Farbe. Überall stand jetzt das Design im Vordergrund, wobei der Ausführende, sei es der industrielle Produzent oder der freie Glasformer, eine Art Interpretenrolle übernahm. Das führte dazu,

dass der entwerfende Künstler selbst das Handwerk gar nicht mehr zu beherrschen brauchte. Kreative Gedanken strömten deshalb jetzt auch von aussen, von Malern, Radierern, Bildhauern und anderen Künstlern, ja sogar von Schriftstellern, zu. So arbeiteten Matisse, Cocteau, Dali und der grosse japanische Maler Noguchi für die amerikanische Steubenhütte; Braque, Chagall, Kokoschka und Picasso kreierten Entwürfe für Murano.

Die Neue Sachlichkeit und das moderne Glasdesign erfassten neben Deutschland und den USA, die für dieses Gedankengut besonders aufnahmefähig waren, bald auch Österreich, Böhmen, die Niederlande und England, vor allem aber die skandinavischen Länder. Schwedens Glas gelangte unter Künstlern wie Simon Gate und Edward Hald zu Weltruhm, Dänemark verpflichtete internationale Glasdesigner, in Finnland schufen die Glashütten Karhula Jittala und Notsjö Glasbruk besonders schlichtes, aber schweres Glas.

Frankreich ging insofern eigene Wege, als hier zwar das neue künstlerische Glas durchaus von funktionalistischen Zügen geprägt war, aber selten aus industrieller Serienfertigung stammte. Die Künstler des Landes bevorzugten freies Formen in handwerklicher Manier. Ihre Produkte sind entsprechend teure Luxusgläser. Am spätesten erreichte die Neue Sachlichkeit Italien. Sie tauchte hier erst in den zwanziger Jahren auf. Wie die Franzosen bevorzugten auch die italienischen Glasdesigner das freie Formen, teilweise bezogen sie dabei alte venezianische Techniken, wie die der Faden- und Netzgläser, mit ein. Ihre Werke gehörten mit einer klaren und einfachen, aber doch äusserst ideenreichen Formgebung zu den besten des Kontinents.

Noch heute bestimmt der Funktionalismus weitgehend die Glaskunst, aber die strengen Maximen der Neuen Sachlichkeit wichen einer liberaleren Haltung. Was die Gründer dieser Richtung faszinierte, die Entdeckung der kreativen Möglichkeiten industrieller Fertigungsmethoden, verpflichtet die Glaskunst längst nicht mehr allein, denn das Industriedesign ist zur Routine geworden. Seit Mitte unseres Jahrhunderts beeinflussen neue Impulse die Glaskunst. Es sind keine revolutionären Änderungen, es sind eigentlich überhaupt keine Änderungen, sondern Weiterentwicklungen des funktionellen Formempfindens. Die tschechischen Glaskünstler von Nový Bor und auch amerikanische Meister sprengten den Gedanken der Gross- oder Kleinserienfertigung nach künstlerischen Entwürfen. Sie besannen sich wieder auf die Möglichkeiten der individuellen Glasgestaltung durch den Hersteller selbst. Design und Schöpfungsakt fallen erneut zusammen. Das setzt voraus, dass der kreative Künstler wiederum das Glashandwerk beherrscht, und konsequenterweise erlernten es die Maler, Bildhauer und Keramiker, die diesem neuen Trend folgen, denn auch; viele von ihnen erst in fortgeschrittenem Lebensalter. Die neue Richtung brachte noch ein Element mit sich: die Überwindung der Funktionalität überhaupt. Das ist nicht zu verwechseln mit der alten Trennung zwischen Funktion einerseits und künstlerischer Ausgestaltung andererseits, das bedeutet die totale Aufgabe der Funktion. Das Glas wird dabei aber weder zur Plakatwand, auf der man gestalten kann, noch zu reiner Modelliermasse, der sich beliebige Formen aufzwingen lassen. Der Charakter des Glases als künstlerischen Materials erhält eigene Bedeutung: die gerundeten Formen, die glänzenden oder opalisierenden Farben, die Lichteffekte, das ureigene Wesen der starren Flüssigkeit. Die Kunst unserer Zeit hat – gleich ob funktionsgebunden oder nicht – das Glas an sich entdeckt.

Oben: Modernes Glasdesign aus dem Bayerischen Wald.
Unten: Auch heute noch ist die Gebrauchsglasfertigung mit einem hohen Anteil an Handarbeit verbunden.

GLAS
HAT VIELE SEITEN

Von Angstern, Guttrolfen und anderen Flaschen

Die Geschichte des Glases ist eine Sache, die Geschichte der gläsernen Dinge eine andere. Was lässt sich nicht alles aus Glas herstellen! Flaschen und Phiolen, chemisches und technisches Gerät, Brillen und optische Instrumente, Fensterscheiben und Lichtkuppeln, Wärme-, Feuer- und Strahlenschutzelemente, Elektronenröhren und Glaslot für Transistoren, Messinstrumente, Lampen und Leuchten, Nippes, Musikinstrumente... All diese Dinge haben ihre eigene, oft abenteuerliche Geschichte. Und wenn sie aus Glas sind, dann meist deshalb, weil sich das Glas als vielseitiger Werkstoff besonders gut für ihre Herstellung eignet. Nicht selten haben die speziellen Anforderungen der gläsernen Dinge sogar die Entwicklung von Spezialgläsern, etwa von op-

Links: Syrische Flaschen
aus dem 1. bis 4. Jahrhundert.
Rechts oben: Kleinasiatische Flaschen
(2./3. Jh.).
Rechts unten: Weinflaschen
aus dem späten 17. (bauchige Form)
und dem 18. Jahrhundert.

Seite 71
Vierröhriger Guttrolf aus Deutschland
(ca. 1520).

70

tischem, strahlenabsorbierendem oder von schussfestem Glas, mit sich gebracht. Diese Forderungen sind eng mit der Geschichte des jeweiligen Artikels, nicht primär mit der des Glases selbst, verknüpft. Denoch haben auch sie Glasgeschichte geschrieben.

Da ist zum Beispiel die Flasche. Der Name sagt dem Sprachforscher, dass die Flasche ursprünglich überhaupt nichts mit Glas zu tun hat. Das alte germanische Wort «vlasche» leitet sich nämlich von «vlehten» her, und das bedeutet «flechten». Eine Flasche war nichts anderes als ein Flüssigkeitsbehälter aus Holz, Ton, Zinn oder Blech, der zum Schutz gegen Transportschäden mit Stroh oder ähnlichem umflochten war. Noch heute unterscheidet zum Beispiel die italienische Sprache zwischen der «fiasca», der bauchigen Korbflasche, und der «bottiglia», der schlanken Glasflasche, die wiederum sprachlich mit der norddeutschen «Buddel» oder der französischen «bouteille» verwandt ist. Und «Flaschner» ist denn auch in der Schweiz und in Süddeutschland nicht etwa eine Bezeichnung für einen Glasflaschenhersteller, sondern ein Synonym für Klempner, also den Blechhandwerker; denn die alten germanischen «vlaschen» konnten ja durchaus aus Blech sein. Natürlich gab es schon in der Antike gläserne Flaschen; das geblasene Glas bot sich ja zum Aufbewahren von Flüssigkeiten geradezu an. Vor allem edle Weine und kostbare Parfums umschloss das Glas geschmacks- und geruchsneutral und zugleich äusserst gediegen. Gediegen waren denn auch die Formen dieser frühen Flaschen, die natürlich noch gar nicht Flaschen hiessen, sondern Angster und Guttrolf. Die Angster – das Wort kommt vom lateinischen «angustus» (=eng) – waren eng- und oft langhalsige Flaschen, die in ihrer Form sehr an die im Mittelmeerraum heimischen Flaschenkürbisse oder Kalebassen erinnern. Oft hatten sie

wie diese ausgesprochen schiefe oder verdrehte Hälse. Sie konnten aber auch mehrere Hälse besitzen und nannten sich dann meistens Guttrolf oder Kutterolf. Die Sprachforscher sehen die Wurzel für dieses merkwürdige Wort im lateinischen «guttur» (=Kehle) oder «gutta» (=Tropfen). Der Ausdruck ist nicht schlecht gewählt, denn beim Ausgiessen geben diese Flaschen ein kehliges, ein gutturales Gluckergeräusch von sich. Die Angster und

Guttrolfe überlebten nicht nur die Antike, sie
blieben bis ins Spätmittelalter und sogar bis in
die frühe Neuzeit en vogue. 1220 schrieb
Wolfram von Eschenbach: «*wie suln trinken

manegez kunnen/und in die klaren brunnen/
haben gutterel von glase…*» Und 1575 erklärte ein Geschichtsschreiber namens Fischart
die unterschiedlichen Methoden, aus verschiedenen Flaschen zu trinken: «*…da stürzt
man die pott, da schwang man den guttrolf, da
(drehet) man den angster.*» Diese mannigfa-
chen Trinktechniken haben durchaus ihre Be-
rechtigung. Es ist schliesslich nicht leicht, eine
Flasche mit gebogenem oder gedrehtem Hals
oder gar eine fünfröhrige Flasche zu leeren,

72

ohne dass herausschwappende Flüssigkeit anderswohin strömt als in den Mund.

Die Guttrolfe entstanden in einem sehr eigenwilligen Fertigungsverfahren, das sich erst in jüngster Vergangenheit im Glasmuseum Wertheim zufriedenstellend rekonstruieren liess. Lange Zeit glaubten die Experten, die verschiedenen Hälse seien mit Zangen an die Flaschenkörper angesetzt worden. Heute hält man folgendes Verfahren für die typischen zwei-, vier- und fünfhalsigen Flaschen für authentisch: Der Glasmacher formt an seiner Pfeife zunächst eine kantige Glasblase; vierkantig für den Fünfhälser, dreikantig für den Vier- und zweikantig für den Zweihälser. Dreiröhrige Flaschen sind nicht bekannt. Die jeweilige heisse Blase erstarrt an den Kanten zuerst. Sind diese einigermassen fest, dann saugt der Glasbläser an seiner Pfeife, wobei die zwei, drei oder vier Flanken der Blase einfallen, während in der Mitte und an den Kanten selbst senkrechte Röhren auf einem gerundeten hohlen Unterteil stehenbleiben. Die dünnen Zwischenwände werden dann entfernt, und römische Glasbläser entfernten zusätzlich oft auch die mittlere Röhre durch Abschmelzen. Dass dieses Saugen nicht der Phantasie des Rekonstrukteurs entsprungen ist, dafür gibt es einen literarischen Beleg aus der Mitte des 16. Jahrhunderts. In seiner Bergpostille schrieb Mathesius: *«Wenn er angster mit zweyfachen rörlein machet, so zeucht er den odem an sich, darnach schwenckt ers an der pfeiffe und gibt jm seine lenge».*

Die kunstvoll gefertigten Angster und Guttrolfe beherrschten so lange das Feld, bis das Glas in grossem Stil in alle Bürgerhaushalte einzog. Zu dieser Zeit, im ausgehenden Mittelalter und in der frühen Neuzeit, traten Billigflaschen an ihre Seite und verdrängten sie nach und nach völlig. Als klassische Form etablierte sich in den Waldglashütten – vor allem im Spessart – der Bocksbeutel, eine zunächst frei und später in eine Form geblasene flachgedrückte Flasche, die ihren Namen dem Hodensack des Ziegenbocks verdanken soll. Das letztere behauptete jedenfalls im Jahre 1862 ein Würzburger Mundartdichter. Und der sollte es eigentlich wissen, denn das Frankenland um Würzburg war für diesen Flaschentyp so berühmt, dass es heute neben der Badener Region in Deutschland das alleinige

Recht besitzt, Wein in Bocksbeuteln auf den Markt zu bringen.

Im 19. Jahrhundert erst bürgerte sich die Bezeichnung «Flasche» für die langhalsigen Glasgefässe ein, zur gleichen Zeit etwa, als bei Tische die Karaffe den Krug ersetzte und die schlanke, typische, in einer Form geblasene Weinflasche erschien. Im Zuge der Mechanisierung in der Industrie erfand um 1900 der Engländer Owens schliesslich die Flaschenblasmaschine. Die Zeit der Massenfertigung begann. Die weitgehend einheitlichen Industrieflaschen unserer Tage unterscheiden sich allenfalls charakteristisch durch ihre Farbe: Weissweinflaschen sind grün, Rotwein- und Mineralwasserflaschen farblos klar, Bierfla-

Seite 74
Babyflaschen-Produktion auf einer sogenannten Individual-Selection-Reihenmaschine.

Seite 75
Zwölf-Stationen-Hochleistungs-Glasblasautomat in einem der modernsten Verpackungsglaswerke Europas in Bülach in der Schweiz.

schen braun. Das braune Flaschenglas hat sich auch in der Chemie und Pharmazie überall dort durchgesetzt, wo lichtempfindliche Flüssigkeiten aufbewahrt werden sollen.

Neben den recht uniformen Getränkeflaschen bietet die Glasindustrie heute aber auch eine schier unübersehbare Formenfülle von Glasbehältern für Kosmetika, Reinigungsmittel, Pharmazeutika und Chemikalien, die zum Teil ganz bestimmten Anforderungen an äussere Gestalt und Zusammensetzung des Glases gerecht werden müssen. So gibt es vier- oder sechseckige Chemikalienflaschen, UV-undurchlässige oder besonders säureresistente Flaschen. In der deutschen Bundesrepublik hat der Gesetzgeber ausserdem Toleranzgren-

zen festgelegt, innerhalb deren eine Flasche als Messgefäss verwendet werden darf. Solche Flaschen sind durch ein «M» und eine Volumenangabe auf ihrem Boden gekennzeichnet, und ihre Fertigung wird regelmässig vom Eichamt überwacht.

Neueste Entwicklung auf dem Flaschenmarkt ist das verstärkte Recycling. Rein wirtschaftlich gesehen ist die sogenannte «Einweg-» oder «Wegwerf»flasche zwar am billigsten, aber das Mitte der siebziger Jahre sprunghaft gewachsene Umweltbewusstsein verlangt nach sinnvoller Abfallbeseitigung, nach rohstoff- und energiesparenden Fertigungsmethoden. Der Glasindustrie bereitet das Beimischen von Scherben in die neue Fla-

schenglasschmelze nicht selten Sorgen, denn das Altglas muss zuvor gewissenhaft nach Farben sortiert werden. Besonders Klarglas verträgt keine noch so geringen Beimischungen bunter Scherben. Und die Banderolen-, Etiketten- und Verschlussreste lassen sich maschinell nur mit sehr grossem Aufwand vollständig entfernen. Hier hat die Technik noch grössere Entwicklungsarbeit zu leisten, denn schon so mancher gutgemeinte Recyclingversuch endete in einem «Fiasko», wörtlich genommen also in einer «leeren Flasche».

Gläsernes Alchemistengerät

Etymogische Betrachtungen weisen nicht nur die Flaschen als ein ursprünglich germanisches Korbgefäss aus, sie deuten auch auf die Wurzeln der Chemie und der Pharmazie hin. Der Begriff Chemie – früher auch Alchemie oder Alchimie genannt – stammt aus dem Arabischen, und zwar vom gleichbedeutenden Wort *al-kìmiyà*, wobei das *al* nichts anders als den Artikel bedeutet. Die Pharmazie wiederum leitet sich vom griechischen *phármakon*, dem Heil- oder Zaubermittel her. Und in der Tat waren die Ärzte des klassischen Griechenlands und des wissenschaftlich orientierten alten islamischen Reichs in ihrer Kunst wegweisend für das ganze europäische Mittelalter. Sprachlich kam es dabei nicht selten zu merkwürdigen Zwitterbildungen. So hiess eines der meistverwendeten Destillationsgeräte im Spätmittelalter *Alembik* – zusammengesetzt aus dem arabischen Artikel *al* und dem griechischen Wort für Deckel: *ambik*. Der Alembik oder «Helm» war ein gläsernes Gefäss, das schon sehr einem modernen Destillierkolben gleicht. Es hatte sich aus einem Deckel mit Destillatablauf entwickelt, der über einen oben offenen Kolben ge-

stülpt war, indem es mit dem Kolben selbst zu einer Einheit verbunden wurde. Noch weit charakteristischer für die Alchemisten und Ärzte des späten Mittelalters war das *Urinal*, im Grunde nichts anderes als eine weithalsige Flasche. Es geht auf das 13. Jahrhundert zurück, gelangte aber erst im 14. und 15. Jahrhundert zu grosser Bedeutung, als die Harnschau für Diagnosezwecke triumphale Erfolge feierte. Das gläserne Urinal wurde zum regelrechten Berufssymbol des Arztes.

Wie hoch die medizinische Praxis im 16. Jahrhundert das Glas schätzte, formulierte 1584 Jeremias Martius: «*Das Glas braucht der Mensch auf mancherlei Weg, aber der Nutz, so es in der Artznei hat, übertrifft das ander alles.*» – Den wirklichen Siegeszug des Glases im chemischen-pharmazeutischen Labor leitete aber erst Justus von Liebig im 19. Jahrhundert ein. Als der junge Wissenschaftler im Alter von 20 Jahren 1824 in Giessen eine Professur für Chemie übertragen bekam, fertigte er zahlreiche seiner gläsernen Laborgeräte selbst. Er beherrschte die Kunst des Glasblasens. «*Die wunderbaren Eigenschaften des Glases kennt Jedermann, durchsichtig, hart, farblos, unverwüstlich durch Säuren und die meisten Flüssigkeiten, in gewissen Temperaturen geschmeidiger als Wachs, nimmt es in der Hand des Chemikers, vor der Flamme einer Öllampe, die Form und die Gestalt aller zu seinen Versuchen dienenden Apparate an*», schwärmte Liebig. – Er begnügte sich nicht damit, das Glas allein so zu verwenden, wie es vor ihm bekannt war. Er trug das Seine zur Glastechnologie bei. Ihm waren die quecksilberbelegten Spiegel ein Dorn im Auge, denn

Seite 77
Justus von Liebig in seinem Münchner Laboratorium (1866).

76

bei ihrer Herstellung kam es immer wieder zu schweren Vergiftungen. Liebig, heute hauptsächlich als Erfinder des Fleischextrakts bekannt, erfand 1856 den versilberten Spiegel. Zu seinen Lebzeiten setzte er sich zwar noch nicht durch, aber heute beherrscht der Liebigsche Silberspiegel den Markt praktisch allein. Dass der grosse Wissenschaftler seine Arbeit übrigens durchaus nicht nur mit fachlichem Ernst sah, beweist der Titel einer Schrift, die er zusammen mit einem Dr. Beeg verfasste: *«Die Farbe des Spiegels und der Teint der Französinnen.»*

Liebig hat ohne Zweifel die moderne Laborglasfertigung begründet und zahlreiche der noch heute gebräuchlichen Geräteformen entwickelt. Seit seiner Zeit ist diese Branche zur Perfektion ausgereift. Heute bestreiten vor allem Borosilicatgläser diesen Markt, eine Weiterentwicklung des von Otto Schott – von ihm wird noch die Rede sein – erfundenen «Geräteglases», aus dem in den zwanziger Jahren unseres Jahrhunderts schon das berühmte «Jenaer Glas» hervorgegangen war. Borosilicatgläser, etwa das «Duran» der Firma Schott oder das amerikanische «Pyrex», sind auch bei dünnwandiger Verarbeitung sehr stabil; sie sind formbeständig bis fast 550 °C, resistent gegen plötzliche Hitze- oder Kälteschocks und gegen die meisten Chemikalien sowie gegen radioaktive Strahlung. Sie

besitzen extrem glatte Oberflächen, was in modernen chemischen Prozessanlagen deshalb von Bedeutung ist, weil dadurch der gesamte Strömungswiderstand in den Labyrinthen aus Aberhunderten von Glasröhren gering bleibt. Und sie geben keine Metallionen ab, beeinflussen also chemische Reaktionen nicht. Standardartikel aus Borosilicatglas sind heute praktisch in jedem Labor vertreten: Reagenzgläser, Becher und Kolben, Messzylinder und Pipetten, Filtriergeräte, Gaswasch-

flaschen, Kühler, Wärmetauscher, Kondensatoren und Destillatoren, gerade und gebogene gläserne Leitungsrohre, Verteiler und Ventile und sogar Pumpen. Im Baukastensystem lassen sich Armaturen aus Borosilicatglas heute zu chemischen Grossanlagen praktisch jeden beliebigen Umfangs zusammenstellen. Mit einem technischen Superlativ, Glasröhren und Kolben von einem Meter Innendurchmesser und bis 20 Metern Länge, erregen die Glaswerke Schott in Mainz Aufsehen in der Fach-

welt. Diese für Glasgeräte riesigen Teile werden von besonders hochqualifizierten Maschinenglasbläsern auch in der Grossindustrie mit handwerklichen Methoden gefertigt.

Der Einsatz von gläsernen Fabrikationsanlagen – meist sind es sogenannte Kolonnen – ist längst nicht auf die klassische chemische Industrie beschränkt geblieben. Alkoholbrennereien bedienen sich ihrer heute ebenso wie Grossmolkereien oder Getränkeproduzenten, Lebensmittelfabriken, Textilfärbe-

oder -imprägnierwerke, Galvanikbetriebe oder die pharmazeutische Industrie.

Die Pharmabranche ist noch in einer zweiten Hinsicht Kunde der modernen Glasindustrie: Sie benötigt grosse Mengen spezieller Röhrchen und Fläschchen, Ampullen und Pipetten als Verpackungs- und Dosiermaterial. Gefragt sind dafür Borosilicatgläser mit ganz besonderen, etwa im Deutschen oder Europäischen Arzneimittelbuch (DAB oder EAB) festgelegten Eigenschaften. Die Wan-

dungen müssen oft einen Grossteil des sichtbaren Lichts und auch des UV-Lichts zurückhalten, sie müssen – besonders für Medikamente zum Injizieren – eine extreme Oberflächenbeständigkeit gegenüber Wasser und anderen Lösungsmitteln besitzen, müssen weitgehend chemikalienresistent sein und sich ausserdem glastechnisch gut verarbeiten lassen. Letzteres ist wichtig, weil diese hochspeziellen Verpackungen doch zugleich Massenartikel sind, deshalb vollautomatisch

hergestellt werden, aber zugleich sehr masshaltig sein müssen. All den Anforderungen entsprechen moderne Borosilicatspezialgläser, wie das farblose oder das mit Eisen- und Titanoxid braun eingefärbte «Illax» oder das noch hochwertigere «Fiolax».

Von der Öllampe zur Leuchtstoffröhre

Öl- und Tranlampen kannte schon der Altsteinzeitmensch vor Jahrzehntausenden. Aber gläserne Leuchten gab es selbst in der Antike noch nicht. Erst im vierten nachchristlichen Jahrhundert verfiel ein Glasmacher auf die Idee, aus dem ihm vertrauten Material eine Hängelampe anzufertigen. Der Gedanke fand rasch weite Verbreitung, und weil das Licht in den Hochreligionen schon immer seine grosse symbolische Bedeutung besass, bürgerten sich gläserne Ampelleuchten bald als Lichtquellen im Tempeln und Kirchen ein; zunächst im jüdischen und christlichen Kulturkreis, vom späten siebten Jahrhundert an dann auch besonders im gerade aufblühenden Islam. Der Koran selbst hatte als Gleichnis für Gott schliesslich das Licht in einer gläsernen Leuchte, die in einer Nische hängt, gewählt. Diese frühen Hängelampen waren so geformt, dass sie sich in einen besonderen Hängekorb einlegen liessen. Aufhängeösen erhielten sie erst später. Wolfram von Eschenbach erwähnt um 1210 in seinem Parsival, dass in den gläsernen Ampeln ausser Öl auch Balsam verbrannt wurde: *«sehs glas lanc lûter wol getan, dar inne balsem der wol bran.»*

Um 1600 waren neben den Hängelampen auch gläserne Standlampen im Gebrauch, mehr oder weniger einfache ölgefüllte Becher mit einem Fuss, in denen ein Docht schwamm. Doch gab es in dieser Zeit auch schon eine zweite, grundlegend andere Art der

gläsernen Leuchten: Um die Flamme vor Wind zu schützen, stülpte man Glaszylinder über brennende Kerzen. Wohl aus dieser einfachen Konstruktion entwickelte sich im Laufe der Zeit die Petroleumlampe.

Eine erste wirkliche Blüte erlebte die Glasleuchte im Barock und Rokoko. Die prunkliebende Ära schätzte vor allem vielflammige grosse Deckenleuchter, deren Hunderte kleiner Glasfacetten das Kerzenlicht tausendfach brachen und reflektierten und besonders in Spiegelkabinetten festlich zur Geltung brachten. Sie forderten nicht nur den einfachen Glasmacher, sondern den Kunsthand-

werker heraus, seine Fähigkeiten zu beweisen. Als 1799 der Bauingenieur Philippe Lebon in Paris ein Patent auf eine kombinierte Gaslampe und Gasheizung erhielt, eine «Thermolampe», wie er das nannte, bescherte ihm das zwar keinen Reichtum, aber es leitete eine neue Epoche der gläsernen Leuchten ein. Die ersten Gaslampen bestanden zuerst nur aus einem Rohr mit kleinen Löchern und verbreiteten deshalb mehr Wärme als Licht. Der eigentliche Durchbruch zum Gaslicht gelang erst, als der österreichische Chemiker Carl Auer von Welsbach in Heidelberg zwischen 1884 und 1892 den Gasglühstrumpf entwickelte, den wenig später der englische Ingenieur Henry Andrew Kent und der Berliner Fabrikant Hermann Ahrendt technisch noch verbesserten. Das Zeitalter der gläsernen Gasleuchten brach an, und das «Auer-Licht» eroberte ebensoschnell Wohnräume wie ganze Strassenzüge und Innenstädte.

Doch schon Jahrzehnte zuvor versuchte eine konkurrierende Lichtquelle, Fuss zu fassen: die elektrische Glühbirne. Ihr Aufstieg vollzog sich allerdings nur langsam und mit vielen Rückschlägen. Bereits 1835 behauptete ein schottischer Lehrer, James Bowman Lindsay, er habe elektrisches Licht erzeugt. Doch es fehlt an schlüssigen Beweisen dafür. Zehn Jahre später erhielt der Amerikaner J. W. Starr ein Patent auf eine Kohlefadenlampe in einem evakuierten Glaskolben. Der Engländer Joseph Swan nahm den Gedanken auf und arbeitete nicht weniger als 15 Jahre daran, ihn realistisch in die Tat umzusetzen. 1860 kam er aber zu dem Schluss, dass derartigen Lampen keine Zukunft beschieden sei. Die erste wirklich brauchbare Glühlampe fertigte allerdings schon 1854 der deutsche Mechaniker Heinrich Goebel an: Unter einer luftleer gemach-

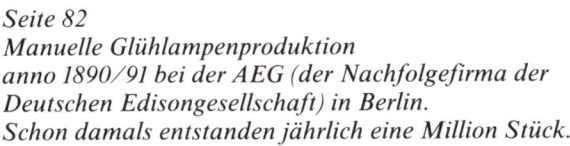

Seite 82
Manuelle Glühlampenproduktion
anno 1890/91 bei der AEG (der Nachfolgefirma der
Deutschen Edisongesellschaft) in Berlin.
Schon damals entstanden jährlich eine Million Stück.

Seite 83
Oben: Berlin, Unter den Linden –
Anfang des 20. Jh. Die elektrische Bogenlampe hat das
alte Gasglühlicht verdrängt.
Mitte: 300 Quecksilber-Hochdrucklampen mit über
80 Kilowatt Gesamtleistung sichern den nächtlichen
Verkehr auf der Hamburger Kohlbrandbrücke.
Unten: Die nächtliche Flugplatzbefeuerung setzt
Spezialgläser für die Signaloptik ein.

ten Glasglocke brachte elektrischer Strom eine verkohlte Bambusfaser zum Glühen. Goebel beleuchtete damit seine Werkstatt. Verkaufen liess sich diese Lampe allerdings noch nicht, denn noch fehlten Elektrizitätswerke und Stromnetze. 1878 und 1879 gelang es unabhängig voneinander dem Engländer Swan und dem amerikanischen Erfinder Thomas Alva Edison, zuverlässige Glühlampen für die Massenproduktion zu entwickeln. Lange stritten sich die beiden um die Priorität. Zwar hatte Swan seine Lampe schon zehn Monate vor Edison der Öffentlichkeit präsentiert, doch Edison hatte ein Patent angemeldet, und während der Amerikaner schon am 1. Oktober 1880 eine Lampenfabrik gründete, eröffnete der Brite erst Anfang 1881 ein gleichartiges Unternehmen. 1883 überrundete er seinen amerikanische Konkurrenten durch ein Patent für verbesserte Glühfäden, und im selben Jahr siegte die Vernunft über die langjährigen juristischen Auseinandersetzungen. Die beiden Männer schlossen ihre Firmen zur *Edison & Swan Electric Light Company* zusammen und gründeten zugleich die *Deutsche Edison-Gesellschaft,* die spätere AEG. Schon ein Jahr danach setzten sie Tausende ihrer Kohlefadenlampen ab. Sie liessen sich auf die gleichen Wandarme montieren, die Carl Auer von Welsbach für seine Gasglühlampen in den Handel gebracht hatte. Der österreichische Erfinder erkannte, dass in der elektrischen Lampe dem Auer-Gaslicht eine gefährliche Konkurrenz erwuchs. Er wechselte das Pferd und entwickelte selbst Glühbirnen. Ihm sind die ersten metallenen Glühfäden – aus Osmium – zu verdanken. Als noch geeigneter erkannte er zwar Wolfram, doch gelang es erst 1908 dem Amerikaner William D. Coolidge, das harte und brüchige Material in Drahtform zu bringen. Schliesslich verbesserte noch – fünf Jahre später – der US-Chemiker Irving

Langmuir die Wolfram-Glühlampe zur noch heute gebräuchlichen Glühbirne.

Ihre liebe Not hatten die Glasmacher mit der neuen, die Welt revolutionierenden Lichtquelle: Die lichtdurchlässige Hülle musste auch bei hohen Temperaturen absolut gasdicht sein, denn die Lampen sind entweder evakuiert oder mit einem Schutzgas gefüllt. Weil die Stromzuführungen durch in das Glas eingeschmolzene elektrische Leiter erfolgen, müssen Glas und Metall etwa gleiche Wärmeausdehnungswerte aufweisen, damit auch diese Verbindung bei den auftretenden hohen Temperaturunterschieden gasdicht bleiben. Das bedeutete die Verwendung eines möglichst weichen Glases. Für den Lampenkolben selbst hat sich zwar einfaches Natronerdalkali-Silikatglas bewährt, das sich auch gut auf den modernen Glasblasautomaten in Grosserien verarbeiten lässt, aber für die Drahteinschmelzung im Sockel muss elektrisch hochisolierendes Spezialbleiglas herhalten. Manche Lampen werden mit Flusssäure innen so angeätzt, dass sie mattiert erscheinen. Speziallampen, die wie Projektionsbirnchen im Betrieb bis zu 700 °C heiss werden können, verlangen nach hochtemperaturbeständigen Aluminium- und Borosilicatgläsern, die aus technischen Gründen sehr kleinen Halogenglühlampen sogar nach Quarzglas oder sogenanntem Vycor.

Spektrallampen und kosmetisch-therapeutische Strahler sind mit Quarzglas oder anderen Spezialgläsern ummantelt, Infrarotlampen meist mit Borosilicatgläsern, bunte Lampen mit speziellen Farbgläsern, Blitzbirnchen mit druck- und hochtemperaturresistenten Gläsern. Die Liste liesse sich fortsetzen.

Seit im Jahre 1910 der amerikanische Chemiker George Claude mit Gasentladungslampen – die ersten wurden als Neonröhren bekannt – experimentierte, haben die Glasma-

cher eine ganze Liste zusätzlicher Forderungen zu erfüllen. Die modernen Leuchtstoffröhren arbeiten fast durchweg als Quecksilberniederdruck-Entladungslampen. In ihnen wird Quecksilberdampf zur Entladung angeregt und die dabei entstehende Ultraviolettstrahlung durch eine aufgedampfte Leuchtstoffschicht auf der Innenseite eines Glaskolbens in sichtbares Licht verwandelt. Quecksilberhochdruck-Entladungslampen, wie sie für die moderne Strassenbeleuchtung verwendet werden, sind in UV-durchlässiges Quarzglas eingeschlossen, das seinerseits nochmals von einem mit Leuchtstoff beschlämmten Aussenkolben ummantelt ist. Spezial-Höchstdruck-Entladungslampen, wie Xenon-Lampen, können derart heiss werden – 1000 bis 1200 °C – dass für ihren Innenaufbau nur noch reine Quarzgläser in Frage kommen. Weil derartige Gläser sich bei Hitze ganz anders ausdehnen als die Wolframzuleitungen, muss das unterschiedliche Wärmeverhalten durch zwei oder drei geeignete Zwischengläser stufenweise aneinander angepasst werden.

Die gelb strahlenden Natriumdampflampen, die Strassenbaubehörden gerne in Nebelzonen einsetzen, verlangen noch speziellere Gläser. Der Natriumdampf würde normale technische Gläser bei den hohen auftretenden Temperaturen schnell zerstören. Die Glasindustrie hat für solche Lampen eigens zweischichtige Überfangspezialgläser entwickelt. Die Innenschicht aus natriumdampfresisten-

Die Glaskünstlerin Eva Maria Schmidt
in Weikersheim a. d. Tauber
hat eine alte thüringisch-böhmische Tradition
wieder aufgenommen: Sie fertigt kronleuchterartige
«Glasperlenbäume».

tem Bariumboratglas oder – bei Hochdrucklampen – aus transparenter Sintertonerde ist nämlich nicht verwitterungsbeständig. Sie wird deshalb von der äusseren Schicht durch Borosilicatglas gegen die Wettereinflüsse geschützt.

Die moderne Beleuchtungsindustrie hat – Hand in Hand mit den Glasherstellern – Licht und Glas in so faszinierender Weise miteinander vereint, dass die perfekte Synthese kaum noch die unzähligen Schwierigkeiten aus der über hundertjährigen Geschichte seit Swan und Edison erahnen lässt.

Gläsernes Schwert und gläsernes Geld

Im Jahre 1735 erregte in Venedig ein äusserst kurioser Mord Aufsehen. Opfer war der deutsche Fürst Dominik Marquard Sebastian Christian von Löwenstein-Wertheim-Rochefort. Nach Aussagen seines Dieners war der adlige Herr am ganzen Leibe «fest». Weder eine Kugel noch ein Dolch könne ihm etwas anhaben, denn von einem Wilddieb aus dem Spessart, der ihm sein Leben schuldete, hatte er die Zauberkunst erlernt, sich gegen jegliches Metall zu feien. Erstaunlicherweise fiel der Fürst tatsächlich keiner metallenen Waffe zum Opfer. Ein gedungener Mörder erstach ihn während seiner Italienreise mit einem gläsernen Dolch. Dieser freilich erwies sich dem Attentat als nicht völlig gewachsen. Zwar tötete er den durch Metall unverletzbaren Mann, doch ging er dabei auch selbst zu Bruch. Seine Spitze blieb im Herzen des Gemeuchelten stecken. Es heisst, die Nachkommen des Fürsten hätten das ungewöhnliche Corpus delicti noch lange in ihrer Familiensammlung aufbewahrt.

Gläserner Dreimaster aus Lauscha.

Horn aus blauem Glas (Deutschland, 18. Jh.).

*Geblasener gläserner Kopf
und Portraitflasche für eine Ausstellung im
schweizerischen St-Prex (1947).*

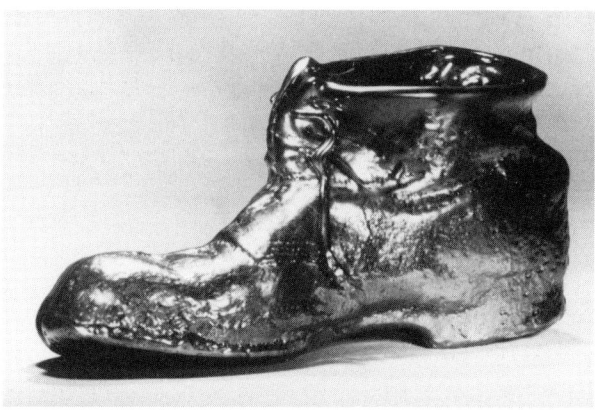

*Schuh aus versilbertem Klarglas von Erwin Eisch
aus dem Glasbläserort Frauenau im Bayerischen Wald
(1975).*

Das Originelle an dieser makabren Tragikomödie war keineswegs der gläserne Dolch, sondern allenfalls die Ironie, den als unverletzlich geltenden Landesherren mit einer Waffe zu konfrontieren, die nicht aus Metall gefertigt war. Gläserne Dolche und sogar Degen waren im 18. Jahrhundert durchaus keine Seltenheit. Sie gehörten zur Ausgeh-Gala modebewusster Edelleute bei feierlichen Anlässen. Selbst im seinerzeit nicht seltenen Vollrausch blieben ihre Träger, solcherart bewaffnet, ungefährlich, genügten aber trotzdem dem wehrhaften Idealbild des ganzen Mannes von Adel.

Glücklicherweise hatten und haben gläserne Kuriositäten nur selten derart martialischen Charakter. Viel häufiger waren zu allen Zeiten Scherzgläser. Dazu gehören vor allem Trinkgefässe, die sich ohne grösseres Danebengiessen schwerlich oder überhaupt nicht leeren lassen. Manche besassen an ihrem hohlen oberen Rand mehrere leicht zu übersehende Ausflussöffnungen, andere liessen sich nur durch kräftiges Saugen durch den Henkel austrinken, wieder andere überraschten durch

unvermittelt spiralig herauswirbelnde Wasser- oder Weinströme, und bei besonders raffinierten Exemplaren galt es, einen oder mehrere versteckte Zuglöcher im Henkel wie die Löcher einer Flöte mit den Fingerkuppen zu verschliessen, um die Flüssigkeit allein in die gewünschte Bahn zu lenken.

Manche Historiker zählen auch die Gutrolfe zur Familie der Scherzgläser. Sicher aber gehören die «Täubelein» hierher, weitverbreitete mittelalterliche Trinkgefässe in Vogelform aus grünem Spessartglas, die sich ebenfalls nur mit Geschick und Übung leeren liessen.

Eine originelle Glaskuriosität findet sich seit Jahrzehnten gelegentlich auf Jahrmärkten oder im Nippesangebot besonders geschickter Glasbläser: der Flaschenteufel. Physiker würden ihn als *cartesischen Taucher* bezeichnen. Es ist ein kleines buntes, innen hohles Glasteufelchen mit einem horizontal um den eigenen Leib gewundenen, spitz zulaufenden Schwanz, der an seinem Ende offen ist. Das niedliche Glasungeheur wird in eine vollkommen mit Wasser gefüllte Flasche gesetzt, in

Seite 88
*Links: Farbige Röhren oder Stangen sind das
Ausgangsmaterial für viele künstlerische
Glasarbeiten.
Rechts: «Glasuhr» – ein dekorativer Hallenschmuck
auf einer Ausstellung in Berlin (1982).*

Seite 89
*Als Anschauungsmodell für Topologieprofessoren
und für Liebhaber skurriler Formen fertigt der Kunst-
glasbläser Gerhard Krauspe in Zwiesel so
eigenartige Objekte wie «Kleinsche Flaschen»*

der es senkrecht schwimmt. Oben schliesst
man die Flasche mit einem Gummihütchen
ab. Drückt man darauf, dann erhöht sich der
Flascheninnendruck, Wasser dringt durch die
winzige Öffnung in der Schwanzspitze des
Teufels ein. Der kleine Satan wird dadurch
schwerer und sinkt wie ein U-Boot in der Flasche hinab. Lässt man den Gummiverschluss
wieder los, dann drückt die komprimierte Luft
im Innern des Tauchers das eingedrungene
Wasser wieder aus der Schwanzspitze heraus,
und der Teufel schnellt in rasanter Drehbewegung in der Flasche nach oben zurück.

Die Herstellung des Teufels ist wesentlich schwieriger als die der heute weltweit verbreiteten Nippestierchen aus Glas, denn er muss hohl und aus sehr dünnwandigem Material gefertigt sein. Die Vielzahl der bunten Glaskätzchen, -mäuse, -dackel, -eulen, -elefanten usw. ist dagegen massiv und zeigt alle Übergänge von meisterhafter Glaskunst bis zum plattesten Massenkitsch. Mengenmässig ist letzterer natürlich weitaus stärker repräsentiert. Besonders die gläsernen Setzkastenfiguren aus Warenhäusern stammen heute vielfach aus Oberitalien, nicht selten direkt aus

Murano. Dort allerdings bietet man dem Touristen oft sogar Massenartikel aus Südostasien an, weil die heimische Produktion der immensen Nachfrage nicht mehr gerecht wird. Kuriositäten aus Glas rangieren durchaus nicht immer zwischen unbrauchbaren Waffen, Trinkgefässen, Nippes und etwa Christbaumschmuck; manchmal erfüllen sie auch eine sinnvolle Funktion. Über jene mehr oder weniger kunstvollen Briefbeschwerer und Sparschweinchen lässt sich noch streiten. Ausgesprochen amtliche Bedeutung besassen hingegen die Glasmünzen, die zwischen 1759 und 1819 in Ungarn geprägt wurden. Offiziellen Charakter hatten auch die gläsernen Gewichte aus islamisch-abbasidischer Zeit vom 8. bis 13. Jahrhundert. Sie trugen Eichmarken und waren praktisch fälschungssicher.

Beliebt ist Glas als Modellwerkstoff für ausgefallene räumliche Gebilde. So hat etwa bei den Topologen die sogenannte *Kleinsche Flasche* den Reiz des Besonderen: Sie ist ein Hohlkörper mit nur einer einzigen Oberfläche und ohne Rand. – Was dem Naturwissenschaftler recht ist, ist dem Schöngeist billig. An der Gesamthochschule in Kassel hat sich ein komplettes gläsernes Orchester etabliert. Die leicht futuristisch orientierten Musiker spielen ausschliesslich Instrumente aus Glas. Nach der Symbiose, die das kristallklare Material mit dem Licht einging, weist die Verbindung mit dem Ton auf die zweite seiner Haupteigenschaften hin: auf seine absolute Homogenität. Der reine Klang gläserner Glocken, von Glasharfen oder gar gläserner Trompeten beweist das überzeugend.

Butzenscheiben, Kirchenfenster und Kristallpaläste

Ein Apodyterium war im alten Rom etwa das, was man in heutigen Hallenschwimmbädern Umkleideraum nennt. Zwar waren die Bürger des klassischen Weltreichs bekanntermassen nicht gerade prüde, aber zumindest das Apodyterium der kleinen Thermen in Pompeji besass eine einseitig mattierte, also undurchsichtige Fensterscheibe. Mit immerhin 70 × 100 Zentimetern Grösse und 13 Millimetern Stärke gehörte sie zu den grössten im ganzen Reich. Sie war in einem Bronzerahmen gefasst und liess sich um zwei in dessen Mitte angebrachte Zapfen drehen. Noch in den zwanziger Jahren unseres Jahrhunderts überlegten

sich Technikhistoriker, auf welche Weise die alten Römer den perfekten Sichtschutz wohl erzeugt haben mögen. Sie kamen zu dem Schluss, die antiken Glasmacher müssten die Scheibe wohl durch Schleifen mattiert haben. Heute allerdings weiss man, dass dem nicht so war. Vermutlich lag den Badegästen der Therme in Pompeji kaum etwas an dem Sichtschutz. Faktum ist, dass die Römer technisch nicht in der Lage waren, klares Tafelglas herzustellen. All ihre Fenster waren matt. Gefasst waren sie übrigens meist in Holz- oder Bron-

Herstellung von Mondglas nach dem Buch «Verrerie en bois» von Diderot d'Alembert (1773).

zerahmen. Im ersten Jahrhundert massen sie kaum mehr als 30 × 60 Zentimeter, später bürgerte sich so etwas wie ein Standardmass – 54 × 72 Zentimeter – ein. Die Mattierung erklärt sich daraus, dass die römischen Glasfabrikanten die glutflüssige Masse auf einen mit Sand bestreuten Tisch oder eine Steinplatte gossen und sie dort mit langen Messern flachstrichen. Dieses Verfahren brachte eine rauhe Unterseite mit sich, während die Scheiben an der Oberseite deutlich die Streichspuren des Messers erkennen liessen.

Im frühen und hohen Mittelalter praktizierte man ein anderes Verfahren, das bereits durchsichtige Glasfenster lieferte. Der Ausgangskörper war eine mit der Glasmacherpfeife erzeugte längliche Blase, die man über der Flamme unten öffnete, so dass ein weites Rohr entstand. Im Ofen wieder etwas erweicht, drückte man das Rohr zunächst flach, schnitt es dann längs auf und klappte es mit Hilfe einer Zange und eines Holzes auf dem Rost auseinander. Mit der Zange wurde es anschliessend gestreckt und geglättet. Das

Der Kristallpalast aus Stahl und Glas wurde von Sir Joseph Paxton eigens für die Weltausstellung in London 1851 konzipiert.

Verfahren war nicht gerade einfach und erforderte erhebliche Praxis. Wie perfekt die mittelalterlichen Glasmacher es beherrschten, beweisen die zahlreichen überaus kunstvollen Kirchenfenster aus dieser Zeit.

Für die Verwendung in Wohnhäusern und anderen Profanbauten bürgerte sich im Mittelalter eine weitere Art des Flachglases ein: die Butzenscheibe. Auch ihre Herstellung ging vom Hohlglas aus. Eine kleine kugelige Blase wurde einfach plattgedrückt oder einseitig geöffnet und flachgeschleudert. Das Ergebnis war eine runde Scheibe, deren Rand der Glasmacher umbördelte oder verstärkte. Diese Butzen fügte man mit Bleistegen zu Fensterscheiben zusammen, wobei die Zwikkel zwischen den runden Formen natürlich durch entsprechend zugeschnittene Glasteilchen ausgefüllt werden mussten. Butzenscheiben spielten bis in die ersten Jahre unseres Jahrhunderts noch eine bedeutende Rolle in der Fensterverglasung.

Im 18. Jahrhundert kam neben den Butzen das sogenannte Mondglas in Mode. Es erforderte zu seiner Herstellung ganz besonderes Geschick, denn so einfach sich die Technik beschreiben lässt, so schwierig war sie praktisch auszuführen. Im Grunde geschah nichts anderes, als dass der Glasbläser eine grosse, dünnwandige Blase immer wieder erhitzte und Schritt für Schritt am Blasrohr oder an einer Eisenstange so flachschleuderte, dass schliesslich der Blasenboden mit dem Blasenoberteil vollkommen zusammenfiel. In der Mitte der runden Scheibe von etwa einem Meter Durchmesser blieb ein stärkeres und unregelmässig dickes Zentrum stehen, das der Glasbläser als Butzenscheibe herausschnitt. Die restliche Scheibe zerlegte er in halbmondförmige Segmente, eben in das sogenannte Mondglas. Auch diese Scheiben wurden mit Bleistegen zu Tafeln zusammengesetzt.

Seite 92
Oben: Fensterscheiben aus Butzen wecken nostalgische Empfindungen.
Unten: Floatglas-Fabrikation.

Seite 93
Fenster aus Antikglas in einem Privathaus.

Später trat das «Streckglas» neben die Butzen- und Mondglasscheiben. Es entstand aus geblasenen Zylindern von 25 bis 30 Zentimetern Durchmesser und wenigstens einem Meter Länge durch Aufschneiden und Abwickkeln des Mantels. Bis ins frühe 20. Jahrhundert war es neben Butzen und Mondglas das einzige gebräuchliche Fensterglas. Zwar bemühten sich schon seit 1850 experimentierfreudige Glasmacher wieder und wieder, Flachglas unmittelbar aus der Schmelze zu ziehen, doch blieben sie über ein halbes Jahrhundert lang erfolglos. Erst 1914 gelang es dem Belgier Fourcault, eine Glastafel direkt aus dem Bottich zu erzeugen. Er arbeitete mit einer rund drei Meter breiten Ziehdüse, die er als dünnen Schlitz in feuerfestes Material eingearbeitet hatte. Der Körper mit der Düse schwamm auf der Glasschmelze. Drückte Fourcault ihn etwas nieder, dann trat flüssiges Glas in einem breiten Band durch den Schlitz nach oben aus. Der Erfinder konstruierte ein Fangeisen, mit dem sich dieses Band aufnehmen und hochziehen liess. Nach kurzem Weg durch die Luft egalisierten sich unterschiedlich dicke Partien in der noch sehr plastischen Masse praktisch von selbst. Walzenpaare führten die erstarrende Glasbahn anschliessend durch einen senkrechten Kühlschacht etwa sieben Meter nach oben. Am Ende des Turms trat es als fertiges Produkt aus und musste nur noch zugeschnitten werden. Die Tafelstärke lässt sich bei diesem Verfahren sehr fein durch die Ziehgeschwindigkeit regulieren. Das Fourcault-Verfahren revolutionierte die Flachglasfertigung, denn es erlaubte erstmals die Anwendung industrieller Herstellungsmethoden. Es hat aber auch Nachteile: Durch das Ziehen entstehen feine Längsstreifen an der Oberfläche, und der Werkstoff der Ziehdüse regt die Bildung von kleinen Kristallen in der Glasschmelze an.

Kurz nach Fourcault entwickelte der Amerikaner Colburn ein Verfahren, Flachglas ohne die Verwendung einer Düse mit einer speziellen Fangvorrichtung kontinuierlich direkt aus der Schmelze zu ziehen. Gekühlte Führungsrollen leiten das noch weiche Glasband weiter, und eine breite polierte Walze lenkt es nach etwas mehr als einem halben Meter in die Horizontale um. Dann läuft es durch einen rund 60 Meter langen Kühlkanal. Das Colburn-Verfahren gestattet doppelt so hohe Ziehgeschwindigkeiten wie die von Fourcault entwickelte Methode. Bekannt geworden ist es allerdings nicht unter dem Namen seines Erfinders, sondern als Libbey-Owens-Verfahren, denn eine US-Gesellschaft dieses Namens setzte es 1917 in die industrielle Praxis um.

1928 kombinierte die amerikanische Pittsburgh Plate Glass Company das Fourcault-mit dem Libbey-Owens-Verfahren. Sie arbeitete ohne Ziehdüse, aber mit einem Schamotte-Leitkörper in der Glasschmelze, und zog die entstehenden Bahnen wiederum senkrecht in die Höhe. Das ermöglichte sehr hohe Fertigungsgeschwindigkeiten, präzise Einhaltung der gewünschten Glasstärke und die Erzeugung qualitativ hochwertigen Glases.

Bis in die sechziger Jahre zog die Glasindustrie Tafelglas fast ausschliesslich nach einer der drei beschriebenen Methoden, bevorzugt nach jener von Fourcault, also der ältesten, aus der Schmelze. Vermarktet wurde es unter der Bezeichnung «Ziehglas» oder – dem Hauptverwendungszweck folgend – als «Fensterglas». Dann stellte die amerikanische Firma Pilkington Brothers Ltd. eine neue Tafelglasproduktionsmethode vor, an deren Entwicklung sie jahrelang gearbeitet hatte. Das Produkt heisst «Float-Glas». Das englische Wort erinnert an «Floss» und bedeutet «auf der Oberfläche schwimmen» oder «treiben».

Seite 95
Calorex-Wärmeschutzverglasung am Bau der Kreditanstalt Wien.

Diese Bezeichnung beschreibt die Herstellungsmethode recht treffend. Das flüssige Glas wird aus der Wanne kontinuierlich auf ein Bad aus geschmolzenem Zinn, die sogenannte Float-Kammer, geleitet. Dieser Trog ist vier bis acht Meter breit und bis zu 60 Meter lang und von einem Schutzgas umgeben, damit das Zinn nicht durch den Sauerstoff aus der Luft verbrennt. Die Zusammensetzung des Gases beeinflusst zugleich die physikalischen Eigenschaften der Grenzflächen zwischen dem Zinn und dem flüssigen Glas, und diese wiederum wirken sich auf die Dicke der floatenden Glasschicht aus. Einstellen lassen sich auf diese Weise und mit anderen Massnahmen Glasstärken von 1,5 bis 20 Millimeter. Mit zunehmender Entfernung von der Flüssigglaszufuhr nimmt die Temperatur des Zinnbads ab. Sie sinkt von anfänglich 1000 °C auf etwa 600 °C am Ende der Floatkammer. An dieser Stelle ist das schwimmende Glas dann schon so fest, dass es sich durch Spezialwalzen vom Zinnbad abheben und in einen Kühltunnel fördern lässt. Am Ende dieses Tunnels tritt es bei etwa 200 °C als fertiges Produkt aus.

Nach dem weiteren Abkühlen auf Raumtemperatur auf einem Rollengang wird es nur noch auf die gewünschte Scheibengrösse zugeschnitten und verpackt. Moderne Floatglasanlagen liefern rund 3000 Quadratmeter Glas pro Stunde, fast einen Quadratmeter pro Sekunde also! Das Floatglas ist derart homogen und klar, und seine Oberflächen sind ohne jede Bearbeitung so plan, dass es nicht nur das herkömmliche gezogene Fensterglas qualita-

tiv bei weitem übertrifft, sondern es ohne weiteres mit Spiegelglas aufnehmen kann, das sich bisher nur durch sorgfältiges Schleifen und Polieren der gesamten Oberfläche herstellen liess.

Flachglas wird nicht nur durch Ziehen oder Floaten hergestellt. Ein wichtiger Zweig der Flachglasproduktion ist auch das Giessen. Dabei läuft der Glasfluss aus der Schmelzwanne unmittelbar über einen flachen feuerfesten Auslaufstein auf den sogenannten Maschinenstein. Dort nehmen es zwei wassergekühlte Walzen auf, deren gegenseitiger Abstand die Stärke der späteren Glasplatte bestimmt. Je nach der Oberflächenform der Walzen lassen sich Scheiben mit verschiedenartigen Strukturen und Musterungen erzeugen. Nur vollkommen plane Scheiben, also durchsichtiges Tafelglas, können als Gussglas nicht produziert werden. Die Produkte eignen sich deshalb überall dort, wo optische Abschirmung oder Lichtstreuung gewünscht wird: als Fenster von Toiletten oder Badezimmern, als Büro- oder Aufzugtüren, Balkonbrüstungen oder auch als Verkleidung für Deckenflächenleuchten. Für feuer- und einbruchshemmende Haustüren oder auch für stabile Dachverglasungen lässt sich in das

noch flüssige Gussglas im Gang durch das formgebende Walzenpaar kontinuierlich von einer Rolle ein Drahtgewebe mit einbetten.

Neben Gussglas, geschmolzenem Fensterglas und Floatglas produziert die Industrie heute noch zahlreiche andere Flachgläser. Meist sind das ausgesprochene Spezialgläser. Sind die üblichen Tafelgläser fast durchweg Kalknatrongläser, so fertigen Unternehmen der Schott-Gruppe und der amerikanischen Corning-Werke auch flache Borosilicatgläser, die sich durch hohe Wärme- und Temperaturwechselbeständigkeit auszeichnen und sich deshalb etwa als Backofentüren, Waschmaschinensichtscheiben oder Heizglas mit eingelegten Widerstandsdrähten eignen. – Für besonders dekorative Zwecke produziert die Industrie sogenannte Antik- und Neuantikgläser, die bewusst eine unregelmässige Oberfläche und Blaseneinschlüsse aufweisen und meist bräunlich oder grünlich eingefärbt sind. Sie wirken vorindustriell und kommen dem nostalgischen Zeitgeschmack entgegen. – Auch flache Überfanggläser sind im Handel, etwa mit einer dünnen Milchglasschicht verschmolzenes Klarglas. Sie werden dort eingesetzt, wo es auf eine sehr gleichmässige Lichtstreuung ankommt, zum Beispiel bei Dia- oder Röntgenbildbetrachtungsgeräten.

Tafelglas lässt sich nicht nur in einem Arbeitsgang je nach dem späteren Anwendungsgebiet unterschiedlich herstellen, vielfach wird es auch nachträglich durch geeignete Bearbeitung veredelt. Mehrscheibenverbundgläser, Gläser mit Metallbedampfung oder besprühten Oberflächen, mit eingebetteten oder aufgeklebten elastischen Folien, bewähren sich zum Beispiel im Hochbau als Schutz gegen zu hohe UV- oder Wärmeeinstrahlung, als Isolierglas gegen Heizenergieverluste und als Schalldämmelemente. Ihre Herstellungstechnik ist oft komplexer, als es auf den ersten Blick scheinen mag. Eine Thermofensterscheibe, die 70 Prozent des sichtbaren Lichts durchlässt, aber bis zu 90 Prozent des Infrarotlichts absorbiert oder reflektiert, kann sich bei Sonnenschein ungemein stark erwärmen, während unmittelbar angrenzende beschattete Glaspartien wesentlich kühler bleiben. Solche Scheiben müssen bei der Herstellung thermisch vorgespannt werden, sonst würden sie unweigerlich durch die Temperaturunterschiede zu Bruch gehen.

Besonders bei Hochhäusern, etwa modernen Bankgebäuden, ist die Glasbruchgefahr ein grosses Problem. Bei mechanischer Zerstörung oder bei einem ausbrechenden Feuer herabfallende grössere Fensterteile könnten schwere Unfälle verursachen. Deshalb liefert die Flachglasindustrie für derartige Zwecke heute ausschliesslich Sicherheitsgläser. Meist sind sie mit einer eingelegten elastischen Transparentfolie ausgestattet, die zu Bruch gehende Scheiben zusammenhält. Andere Sicherheitsgläser, etwa für den Automobilbau, sind durch eine geeignete thermische Behandlung derart stark vorgespannt, dass sie bei Zer-

störung augenblicklich in kleine Körner ohne scharfkantige Ränder zerspringen. Dieses Vorspannen nennt der Fachmann thermisches Härten des Glases. Interessant ist ein Verfahren, das der Glaspionier Otto Schott schon 1891 entwickelte: das chemische Härten. Er überfing Glas hoher Wärmeausdehnung mit einem Glas niederer Wärmeausdehnung. Dabei kommt es zum Ionenaustausch in der Grenzschicht. Ergebnis ist eine Festigkeitssteigerung des Gesamtglases auf das Fünf- bis Sechsfache. Solche Gläser genügen Anforderungen, wie sie die Flugzeugindustrie oder die Konstrukteure von schnellaufenden Zentrifugen stellen. Auch kratzfestes Brillenglas lässt sich auf diese Weise produzieren.

Für die Verglasung von Bildern und Schauvitrinen oder die Rahmung von Dias setzt sich seit Jahren mehr und mehr entspiegeltes Glas durch. Seine Oberfläche ist durch Feinätzung «seidenmattiert» oder – nach einer Entwicklung der Schott-Werke – in einem speziellen Tauchverfahren mit einer dreifachen sogenannten Interferenzschicht belegt, die die Spiegelwirkung für Tageslicht gegenüber unbehandeltem Flachglas auf rund ein Zehntel senkt.

Wie ungemein widerstandsfähig Tafelglas sein kann, wenn es eigens dafür konstruiert ist, beweisen die Panzerglasscheiben an Bankschaltern, Geldtransportern oder vor Juwelierläden. Sie sind wenigstens 25 Millimeter stark und aus mindestens vier Scheiben als Verbundglas aufgebaut. Schweres Panzerglas von 60 Millimetern und mehr Wandstärke

trotzt nicht nur einem Vorschlaghammer, es ist auch beschussfest.

Andere moderne Schutzgläser halten radioaktive Strahlung oder Feuer zurück. Die modernsten Brandschutzgläser sind noch gar nicht sehr alt. Bis vor rund einem Jahrzehnt liess sich der Zusammenbruch von Glasscheiben bei direkter Beflammung nur durch ein eingelegtes Glasgeflecht verhindern. Heute bietet Schott mit seinem «*Pyran*» ein thermisch gehärtetes Borosilicat-Fensterglas an, das als 1 × 1 Meter grosse Scheibe offenen Flammen wenigstens zwei Stunden lang widersteht, bevor es schliesslich wie ein Einscheibensicherheitsglas in kleine Krümel zerfällt. Noch wesentlich feuerbeständiger ist die ebenfalls von Schott entwickelte Glaskeramik, von der später noch die Rede sein wird. Andere Flachglashersteller haben Doppelscheiben-Feuerschutzgläser auf den Markt gebracht. Sie schliessen eine durchsichtige Masse ein, die in der Hitze der Flammen aufschäumt und als thermische Isolierung wirkt. Solche Gläser halten einem Brand 30 bis 90 Minuten lang stand.

Natürlich lassen sich in Verbundgläsern die verschiedensten Eigenschaften von Tafelglas miteinander vereinen, und deshalb sind diesem Material heute kaum noch anwendungstechnische Grenzen gesetzt. So mancher Besucher einer altdeutsch eingerichteten behaglichen Wirtsstube mit Butzenscheiben oder einer modernen Kirche mit «alten», bleiverglasten bunten Fenstern ahnt gar nicht, dass diese Produkte neuzeitlicher Glastechnik neben ihrer nostalgischen Wirkung allen Komfort modernster Wärme- und Schalldämmscheiben bieten und vielleicht sogar mit eingelegten dünnen Alarmdrahtfäden versehen sind, die bei Glasbruch unweigerlich eine elektronische Meldeanlage ansteuern. Glas geht mit der Zeit.

Bemaltes Glas – gemaltes Glas

Der Gedanke, auf Glas zu malen, ist beinahe so alt wie das Glas selbst. Anderthalb Jahrtausende vor Christus bemalten die Kunsthandwerker im alten Ägypten zur Zeit Thutmosis III. bereits Gefässe aus opakem Glas mit gelblichen Ornamenten und Siegeln. Mit Unterbrechungen tauchte dann die Glasmalerei immer wieder in verschiedenen Hochburgen der Glasfertigung auf; eine Blüte erlebte sie im 13. Jahrhundert in Syrien, von wo sie im Laufe der Jahrhunderte über Italien nach Mitteleuropa gelangte. Besonders in Deutschland und Frankreich erfreute sie sich dann bis ins 18. Jahrhundert hinein grosser Beliebtheit. Bemalt wurde praktisch alles, was sich dafür eignete: Flaschen, Krüge, Becher, Römer, Pokale, runde und ovale Glastafeln und natürlich auch Fenster. Auf den Trinkgefässen bürgerten sich bestimmte, immer wiederkehrende Motive ein: Reichsadler, Porträts, Familiengruppenbilder, Brauchtum und Trachten, Landschaften. Die Kirchenfenster zeigten selbstverständlich religiöse Szenen.

Gewandelt hat sich im Laufe der Zeit die Art der Farben. Während die frühen bemalten Hohlgläser und dann wieder jene aus der zweiten Hälfte des 18. Jahrhunderts vorwiegend mit Emailfarben verziert waren, entwickelten holländische Künstler Anfang des 17. Jahrhunderts die Schwarzlot- oder Grisaillemalerei, die ihre Gestaltungskraft nicht in bunten Flächen, sondern in kontrastreichen Formen fand. Entsprechend beliebt waren in dieser ausdrucksstarken Technik mythologische Szenen, Schlachtenbilder und Landschaftsmotive. Aus der Schwarzlotmalerei, die vom satten Tiefschwarz bis zu leichten, lasierenden Grautönen spielte, entwickelte sich gegen Mitte des 18. Jahrhunderts durch Hinzunehmen zunächst von Gold- und Fleischfar-

ben langsam die Transparentglasmalerei. Ihre Farben waren im Gegensatz zu den metallhaltigen opaken Emailglasuren, die man zuvor verwendet hatte, eingefärbte Glasflüsse. Zwar hatten schon im 12. bis 14. Jahrhundert islamische Glaskünstler ihre Werke mit transparenten Farben bereichert, in Europa war diese Technik im Mittelalter aber unbekannt.

Die Tradition bunter Kirchenfenster reicht etwas weiter zurück als die eigentliche Scheibenglasmalerei. Buntglasfenster zierten schon die grossen und bedeutenden spätromanischen und frühgotischen Kathedralen und Abteien Nordwesteuropas. Sie waren aus Stückchen farbiger Gläser mit Bleilot zusammengesetzt. Hütten, die sich auf die Herstellung von besonders hochwertigem buntem Fensterglas spezialisiert hatten, waren in Lothringen und in der Normandie ansässig. Sie exportierten ihre Produkte vor allem auf die Britischen Inseln. Die farbigen Glasscheiben zersprengte der Kunstglaser zunächst mit einem heissen Eisendraht in handliche Stücke, die in ihrer Form annähernd in das entworfene Fensterbild passten. Die endgültige Gestalt gab der Meister den Scheibchen mit einem sogenannten Kröseleisen; denn Diamantglasschneider gab es noch nicht, sie wurden erst im frühen 18. Jahrhundert erfunden. Über die Landesgrenzen hinaus berühmt waren die ikonographischen Kirchenfenster der Kathedralen von Canterbury, Chartres und Poitiers, in Deutschland auch die des Augsburger Doms, die als älteste Buntglasfenster überhaupt gelten. Sie stammen aus dem Jahre 1065.

Im 14. Jahrhundert eroberte die aus Syrien eingewanderte Glasmalerei auch die Fenster. Zunächst arbeitete man mit Silberlot, das im Ofen aufgeschmolzen wurde und gelbliche bis orange Töne lieferte. Im 16. Jahrhundert setzte sich die Grisailletechnik mit eisenoxidhaltigem Schwarzlot durch und verdrängte Fenster aus einzelnen Farbglasstückchen jetzt völlig. Wie bei der Hohlglasmalerei jener Zeit traten weltliche und historisierende mythologische Motive nun auch auf Glasfenstern in Erscheinung, daneben Wappen und Embleme weltlicher Herren.

Während beim Hohlglas der Weg von der Emailfarbe zur Transparentfarbe führte, bereicherten Emailfarben die Fensterglasmalerei erst im 17. Jahrhundert. Oft entstanden dann auch reine Glasbilder auf runden oder ovalen Scheiben. Die bildenden Künstler entdeckten das Tafelglas als regulären Maluntergrund. Zum Teil verwendeten sie es vom 17. Jahrhundert an denn auch einfach anstelle von Holztafeln oder Leinwand und führten Ölgemälde darauf aus. Bei klarem Spiegelglas konnte das Ölbild als sogenannte Hinterglasmalerei auch auf der Rückseite der Glastafel entstehen. Während die Fensterglasmalerei im späten 17. und vor allem im 18. Jahrhundert – mit Ausnahme der Niederlande – weitgehend zurückging und erst gegen Ende des 19. Jahrhunderts und in unserer Zeit ein Comeback bei Altkirchensanierungen und Neubauten erlebte und damit so berühmte Maler wie Marc Chagall bemühte, experimentierten die Glasmaler des 18. Jahrhunderts mit diversesten Techniken. Nicht nur in Öl führten sie ihre Landschafts- und Schäferszenerien, ihre figuralen Studien und Chinoiserien aus, sie arbeiteten auch mit feuchten Mezzotintoabdrücken, die sie anschliessend in Öl ausmalten, mit rückseitig aufgeklebten Gold- oder Silberfolien, die sie gravierten, um die Durchbrüche wiederum mit Ölfarbe hervorzuheben (sogenanntes *Verre églomisé)* und anderen Methoden.

Glas und Malerei besitzen aber noch einen ganz anderen Berührungspunkt als jenen des Bildes auf Glas – den des Glases auf Bildern. Gemälde, die Glas zeigen, sind nicht nur eine wichtige Informationsquelle über die Geschichte des Glases, sie liefern auch vielfache Aussagen über die Einstellung der Kunst zum Glas. Das kommt zum Teil schon im abgebildeten Motiv selbst zum Ausdruck. Dem Künstler symbolisiert das Glas zum Beispiel oft das Bacchanalische, das Prassen und Schwelgen in genüsslichen Speisen und Getränken. Kein Festmahl, kein Gelage, aber auch kein Falstaff oder distinguierter Bonvivant lassen sich ohne gläserne Becher, Pokale oder Kelche denken. – Das Glas besitzt in der bildenden Kunst aber auch andere Symbolgehalte. Gelegentlich drückt es in seiner Zerbrechlichkeit das Vergängliche, die Hinfälligkeit der menschlichen Existenz überhaupt aus. Freund Hein, der Tod, hält auf Gemälden manchmal das Stundenglas, die gläserne Sanduhr, in seinen knöchernen Fingern.

Fern von allen metaphorischen Bedeutungen stellt das Glas für den Maler aber auch eine aussergewöhnliche Herausforderung dar: Es ist transparent, fast immateriell. Wer es meisterhaft abbilden will, darf nicht das Material selbst wiedergeben, er muss den Glanz der Oberfläche, er muss reflektiertes, gebrochenes und in Brennpunkten gesammeltes Licht malen, und er muss die weichen räumlichen Formen aus Licht und Transparenz in die Ebene des Bildes umsetzen. Es gab bedeutende Stillebenmaler, die das Glas ihr Leben lang immer wieder in seinen Bann schlug. Die grossen Meister, wie Rembrandt oder Rubens, sind sattsam bekannt, einer der wohl fähigsten zeitgenössischen Darsteller des Glases war der 1977 verstorbene Schweizer Kunstmaler Werner Weber, der zuletzt in Rüschlikon bei Zürich lebte, wo eine Gedenkstätte die besten seiner unzähligen Bilder beherbergt. Besonders in seinen Alterswerken löste er Gläser praktisch vollständig in einzel-

Oben: Hostienteller aus dunkelblauem Glas mit weisser Email-Malerei, vermutlich aus Böhmen (frühes 17. Jh.).
Unten: Glas zu malen, gehört zu den schwierigsten Aufgaben in der bildenden Kunst.
Der Schweizer Maler Werner Weber beherrschte sie perfekt.

ne Farbtupfer auf, in reines Licht, eine milde Luminosität, die sich für den Betrachter erst bei einigem Abstand vom Bild auf fast gespenstische Weise zum Phantom eines Trinkglases oder einer Flasche zusammenfügt. Webers Credo: Nichts lässt sich schwerer malen, nichts ist eine grössere Herausforderung für den Künstler als das Licht. Das Glas erwähnte er gar nicht mehr. Und er wusste, wovon er sprach.

Nur durch den Spiegel kennt der einzelne sich selbst

«Warum blitzen die gläsernen Spiegel so sehr?», fragte Alexander von Aphrodisias in der Antike die Leser seiner *«Problemata»*, und er beantwortete die Frage sogleich selbst: *«Weil man sie auf ihrer Innenseite mit Zinn salbt.»* – Ob das allerdings wirklich geschah, oder ob Alexander als früher populärwissenschaftlicher Autor lediglich schlecht recherchiert hat, darüber sind sich die Technikhistoriker heute nicht im klaren. Gefunden hat man jedenfalls mit Zinn verspiegelte Gläser aus der Antike nicht. Dagegen hinterlegten die Römer kleine runde oder unregelmässige Klarglasscheiben mit Blei und ersetzten auf diese Weise die bis dahin üblichen Metallspiegel. Nach Plinius dem Älteren gehen diese Glasspiegelchen zwar schon auf die Phönizier in Sidon zurück, doch dürften sie in dieser Wiege des Glasblasens noch keine grosse Rolle gespielt haben. Auch im Römischen Reich verdrängten sie erst im Laufe von Jahrhunderten die Metallspiegel weitgehend, um dann mit dem Niedergang des Imperiums umgehend wieder in den Hintergrund zu treten. Während des gesamten Mittelalters bediente man sich erneut des Metallspiegels. Lediglich der Klerus, der die Glasmacherei dominierte,

wusste noch um die Verfahren der Glasspiegelanfertigung, aber er machte von dieser Kenntnis kaum nennenswerten Gebrauch. Erst gegen 1440 gelangte der gläserne Spiegel wieder zu einer gewissen – wenn auch sehr begrenzten – Verbreitung, als nämlich der Erfinder des Buchdrucks mit beweglichen Lettern in Europa, Johannes Gutenberg, Taschenspiegelchen in Serie fertigen liess und sie als Souvenirs an Besucher des Aachener Doms verkaufte.

Das eigentliche Comeback des Glasspiegels nach dem Altertum leiteten um 1507 die Venezianischen Glasmacher ein. Sie erfanden

die Verspiegelung mit Quecksilber und konnten damit für ihre Zeit relativ hochwertige Spiegel liefern. Das machte bald Schule. In Nürnberg etablierten sich schon früh Spiegelmacherwerkstätten, die bald zu Ansehen und Ruhm gelangten. Und gegen Mitte des 16. Jahrhunderts entstanden auch in Frankreich Spiegelglasmanufakturen, die allein den grossen Bedarf der in dieser Zeit gebauten Prachtschlösser decken sollten. Die Importe aus Venedig hatten sich als zu teuer erwiesen. Von Frankreich wiederum gelangte das Spiegelmacherhandwerk nach Lohr am Main im Kurfürstentum Mainz.

Die grösseren Spiegel dieser Zeit waren noch aus mehreren planen Stücken zusammengesetzt, weil sich grosse Scheiben als Streckglas nicht eben fertigen liessen. Erst die Erfindung des flachen Gussglases erlaubte die Herstellung grösserer Spiegel aus einem einzigen Stück.

Freilich eignete sich auch die Oberfläche des Gussglases – ebenso wie die des Streckglases – nicht direkt zur Spiegelproduktion; die Glasplatten mussten zuerst sorgfältig plangeschliffen und poliert werden: Daran änderte sich bis in die sechziger Jahre des 20. Jahrhunderts nichts. Erst das um diese Zeit erfundene Floatglas ist von Haus aus so eben, dass man es ohne jegliche Vorbereitung verspiegeln kann. Seit Liebig (1835) geschieht das nicht mehr mit dem giftigen Quecksilber, sondern mit Silber. Dazu werden die Scheiben zunächst gewaschen und dann mit einer Zinnchlorürlösung «aktiviert». Das erleichtert den Versilberungsprozess. Die eigentliche Versilberungslösung besteht aus Silbernitrat, Am-

Mit modernen Techniken lassen sich Glasspiegel (etwa für die Werbung) farbig bedrucken.

moniak, Ätznatron oder Ätzkali und destilliertem Wasser. Sie wird unmittelbar vor dem Aufspritzen auf das Glas mit einer traubenzuckerhaltigen Lösung gemischt, die dafür sorgt, dass auf dem Glas das Silber in winzigen Kristallen als reines Metall ausfällt. Diese kleinen Kriställchen vereinigen sich mit dem Zinnniederschlag aus der Vorbehandlung zu einer fest am Glas anhaftenden Schicht, die bereits bei einer Stärke von nur 0,0005 Millimetern vollkommen undurchsichtig ist. Um eine gewisse Stabilität zu erreichen, lässt man den Metallfilm aber auf wenigstens 0,01 Millimeter anwachsen. Anschliessend wird er in einem ähnlichen Prozess mit einer Kupferschicht abgedeckt. Dann folgt noch eine zweifache Schutzlackierung, und der Spiegel ist fertig. Während die einzelnen Schritte dieser

Herstellungsmethode früher von Hand durch Aufgiessen der jeweiligen Lösungen oder durch Schwenken der Glasscheiben in den Flüssigkeiten ausgeführt werden mussten, läuft heute natürlich der gesamte Prozess vollautomatisch ab. In zahlreichen Spezialverfahren lassen sich maschinell auch Sonderspiegel herstellen: Antikspiegel mit absichtlich rissiger Metallschicht, optische Spiegel, die nicht auf ihrer Rückseite, sondern auf der Glasoberfläche verspiegelt sind, Kaltspiegel, die nur das sichtbare Licht zurückwerfen aber Wärmestrahlen durchlassen oder absorbieren, teildurchlässige Spiegel, die je nach Lichtverhältnissen in einer Richtung durchsichtig sind, blendarme Spiegel mit spezieller Oberflächenvergütung usw.

Dass Spiegel normalerweise nicht nur sichtbares Licht, sondern auch Wärmestrahlen reflektieren, davon profitierte um 1888 der bekannte Chemiker Dewar. Schon 1881 hatte der deutsche Professor Weinhold ein gläsernes Isoliergefäss beschrieben, das 1884 in seinem Auftrag der Berliner Glasbläser Burger erstmals herstellte. Es bestand aus einer doppelwandigen Glasflasche. Den Hohlraum zwischen beiden Wandungen pumpte der Professor luftleer. Solche gut wärmeisolierenden Gefässe fertigte auch Dewar. Er kam auf den Gedanken, die thermische Isolation noch dadurch weit zu erhöhen, dass er die im Vakuum liegenden Innenseiten der Doppelwand verspiegelte, wodurch bei heissen Flascheninhalten die Wärmestrahlung aus dem Innern immer wieder in die warmzuhaltende Flüssigkeit zurückgeworfen wurde, während bei kaltem Flascheninhalt die Wärmestrahlung aus der

Umgebung der Flasche reflektiert wurde, bevor sie das isolierende Vakuum erreichte.

Die Wissenschaftler Weinhold und Dewar setzten die Isoliergefässe im Labor zum Aufbewahren von Chemikalien ein. Der mehr praktisch veranlagte Glasbläser Burger sah ihre Anwendung im Haushalt zum Warmhalten von Getränken und Speisen und liess sich darauf 1903 ein deutsches Reichspatent erteilen, das allerdings schon sehr bald wieder verfiel. Ab 1906 und 1907 wertete die deutsche Industrie in zwei voneinander unabhängigen Unternehmen – «Thermos» in Berlin und «Helios» in Ilmenau – das Isolierflaschenprinzip kommerziell aus.

Dass sich Spiegel nicht nur dazu eignen, Selbstbetrachtung zu betreiben oder Speisen angenehm temperiert zu halten, sondern dass sie auch in erheblichem Masse der Technik und der Wissenschaft dienen, zeigt sich besonders auf dem Gebiet der Optik. Optische Glasspiegel beherrschen das Feld vom Mikroskop bis zum Riesenteleskop, vom Solarenergiesammler bis zum Scheinwerferreflektor, vom Zahnarztwerkzeug bis zur Reflexkamera. Gerade im Bereich der Weltraum-Spiegelteleskope hat die Glasindustrie in den vergangenen Jahren mit Superlativen aufgewartet, die selbst ausgefuchsten Materialwissenschaftlern Staunen abnötigen. Doch davon mehr im letzten Kapitel.

Gläserne Messgeräte

«Thermometer sind ohne Widerrede eine der angenehmsten Erfindungen der neuen Physik und eine von denen, die ihr Ansehen am meisten gefördert haben.» Dies jedenfalls behauptete 1730 der Franzose Antoine F. de Réaumur in einem Traktat der berühmten Académie Française in Paris.

105

Fest steht, dass zu Réaumurs Zeiten das Thermometer aber schon über ein Jahrhundert alt war, sofern es nicht bereits die Araber im frühen Mittelalter oder gar die alten Griechen und Römer kannten. Galileo Galilei jedenfalls erfand schon vor 1597 ein gläsernes Temperaturmessgerät, das aus einer oben geschlossenen und unten röhrenförmig ausgezogenen Glaskugel bestand. Das offene Ende des senkrecht von der Kugel ausgehenden Röhrchens tauchte in ein wassergefülltes Gefäss ein. Kühlte die Luft in der Kugel ab, dann stieg Wasser in der Glaskanüle nach oben und gab den Temperaturunterschied an. Fatalerweise reagierte diese Messanordnung allerdings nicht nur auf thermische Schwankungen, sondern natürlich auch auf Luftdruckunterschiede. Zu genauen Messungen eignete sie sich deshalb nicht. Ein ähnlich unbrauchbares Instrument entwickelte etwa zur gleichen Zeit der Holländer Drebbel. Um die Probleme zu beseitigen, bauten Naturforscher an der Accademia del Cimento in Florenz bald Thermometer in Form beidseitig geschlossener Glasröhren, in denen sich Weingeist- und später auch Quecksilbersäulen ausdehnten. Auch sie lieferten aber keine genauen, reproduzierbaren Messergebnisse, weil es an geeigneten Skalen fehlte.

Lehramtsnachfolger Galileis an der Universität von Padua war der Physiker Evangelista Torricelli, der wiederum mit Messanordnungen in der von seinem Vorgänger entworfenen Bauform experimentierte. Doch schien es ihm einfacher, die Temperaturabhängigkeit als die Luftdruckabhängigkeit zu eliminieren, und so erfand er statt eines brauchbaren Thermometers ein – wenn auch nicht besonders gutes – Barometer. – Galileis akademische Schüler verfolgten indes andere Wege, die aber ebenfalls an eine Idee ihres Lehrers anknüpften. Sie nutzten die Erkenntnis, dass

Für die Thermometerherstellung wird Spezialglas in feine Röhrchen ausgezogen.

sich Flüssigkeiten mit zunehmender Temperatur nicht nur ausdehnen, sondern zugleich – bezogen auf die Volumeneinheit – leichter werden und damit schwimmenden Körpern weniger Auftrieb geben. Das «*termometro lento*», das die Paduaner Physiker entwickelten, bestand aus einem mit Alkohol gefüllten senkrechten Rohr, in dem vier bis fünf hohle Glaskugeln schwammen. Diese Kugeln waren kaum wesentlich leichter als die Flüssigkeit selbst. Erwärmte sich der Alkohol, dann wurde er nach und nach sogar leichter als die

Laborthermometer.

unterschiedlich schweren Kugeln, und mit zunehmender Temperatur sank eine nach der anderen zu Boden. Natürlich liess sich mit diesem Instrument die Temperatur nicht stufenlos ablesen, aber die vier oder fünf Fixpunkte, an denen die Kugeln untergingen, lieferten exakt reproduzierbare Messwerte.

Schon bald bemächtigten sich italienische Ärzte dieses Verfahrens. Sie entwickelten ein Gerät, das wie eine gläserne Kröte aussah und in dessen Inneren ebenfalls unterschiedlich schwere Kugeln im Weingeist schwammen.

Es wurde um das Handgelenk geschnallt und mass die Körpertemperatur – besser gesagt: es sollte sie messen.

Nach all diesen mehr oder weniger qualifizierten Vorversuchen hatte de Réaumur wohl doch recht, wenn er 1730 das Thermometer als eine Erfindung der «neuen» Physik rühmte, denn erst er und seine Zeitgenossen Daniel Gabriel Fahrenheit und Anders Celsius machten das Thermometer zu einem wirklich zuverlässigen Messinstrument. Alle drei Wissenschaftler verwendeten ungefähr die gleichen gläsernen Kugelthermometer mit Alkohol- oder Quecksilberfüllung, wie sie schon die Physiker an der Florentiner Accademia del Cimento entwickelt hatten und wie sie im Prinzip noch heute bekannt sind. Als Grundlage für vergleichende Messungen führten sie aber erstmals verbindliche Temperaturskalen ein. Der deutsche Physiker Daniel Gabriel Fahrenheit machte 1714 den Anfang mit einer 212°-Skala, beginnend bei dem Gefrierpunkt einer bestimmten Kältemischung. Der Techniker und Biologe Antoine F. de Réaumur führte dann seine achtzigteilige, besonders in Frankreich lange Zeit verbreitete Temperaturskala ein, die vom Schmelz- bis zum Siedepunkt des Wassers reichte und die später sein Landsmann J. A. Deluc noch etwas abwandelte. Und 1742 schlug schliesslich der schwedische Astronom Anders Celsius eine Temperaturmessung von 100 Graden zwischen dem Kochpunkt des Wassers (0 °C) und dem Schmelzpunkt des Eises (100 °C) – beides gemessen auf Meereshöhe – vor. Erst ein Jahr später drehte sein Landsmann Strömer in Upsala die Celsius-Skala um und bescherte der Welt damit die heute gebräuchlichste Temperaturskala.

Bis die Thermometer allerdings zu Serienartikeln wurden und in praktisch jeden Haushalt einzogen, sollte noch fast ein Jahrhundert vergehen. Erst 1830 etablierte sich in Stürtzerbach in Thüringen eine erste Thermometerfabrik. Dass die Instrumente aus dieser Produktion noch nicht die heute gewohnte Genauigkeit besassen, lag unter anderem daran, dass sich das Glaskügelchen und das Glasröhrchen selbst bei zunehmender Temperatur noch etwas ausdehnten. Abhilfe brachte hier der Glasforscher Otto Schott, der 1884 erstmals *«Jenaer Normalglas»* eigens für thermometrische Messungen erschmolz. Später führte sein Unternehmen die Tradition fort und entwickelte Messgerätegläser mit noch weit geringerer thermischer Ausdehnung, etwa das berühmte *Duran*.

Reines Quarzglas mit seiner beachtlichen Hitzeresistenz machte es möglich, Thermometer für einen Messbereich bis 1000 °C zu bauen. In ihnen ersetzt eine Gallium-Legierung das Quecksilber. Andere Spezialthermometer zeichnen sich heute durch extrem hohe Messgenauigkeit aus, etwas das auf ± 0,01 °C präzise Kalorimeter-Thermometer. Oder sie messen kombinierte Klimasummengrössen, wie das Katathermometer, das die Komponenten Lufttemperatur, Luftgeschwindigkeit und die mittlere Temperatur von Raumbegrenzungsflächen in einem einzigen Messwert miteinander kombiniert. Andere Glasinstrumente bestimmen Temperaturen auf Umwegen, wie die Tensions-Thermometer, die in der Nähe des absoluten Temperaturnullpunktes den Dampfdruck einer Flüssigkeit mit einem Quecksilbermanometer ermitteln, aber in Wärmegraden geeicht sind.

Auch das Barometer ist eine Domäne für Instrumentenglas. Das erste, 1643 von Evangelista Torricelli entwickelte Gerät dieser Art bestand aus einer oben geschlossenen Glasröhre, deren untere Öffnung in Quecksilber eintauchte. Der atmosphärische Luftdruck presste das Quecksilber je nach seiner Grösse unterschiedlich weit in das luftleer gemachte Rohr hinein; bei Normaldruck waren das 76 Zentimeter. Nach Torricelli experimentierten auch andere europäische Physiker mit gläsernen Barometern, unter ihnen Otto von Guericke und der Holländer Christian Huygens, dem es gelang, mit seinem 1672 erfundenen «Kontrabarometer» – es hatte eine gegenläufige Skala – den kommerziellen Markt zu erobern. Im Alltag genügten den meisten privaten Luftdruckbeobachtern allerdings noch bis weit ins 18. Jahrhundert hinein die sogenannten «Bauernbarometer», die heute nostalgisch als «Goethe-Gläser» ein gewisses Comeback feiern. Es sind U-förmige Glasröhren, deren beide Enden nach oben weisen. Während das eine offen ist, schliesst das andere ein weiter, bauchiger Glaskolben ab. Im Knie des U steht Wasser, das vom äusseren Luftdruck durch die offene Röhre mehr oder weniger weit gegen das Luftpolster in den Glaskolben gedrückt wird. Wasserstandsschwankungen im offenen Rohr zeigen deshalb wechselnden Luftdruck an.

Ein anderes beliebtes Feld für den Einsatz von Glas in der Messinstrumententechnik sind die Aräometer, Geräte zur Bestimmung der Dichte von Flüssigkeiten. Im Grunde waren die Kugelthermometer aus Padua nichts anderes als solche Aräometer, denn ihre verschieden schweren Schwimmer gingen immer dann unter, wenn sich der Alkohol durch Temperaturerhöhungen ausdehnte, also weniger dicht wurde. Dieses Auftriebsprinzip haben zwar erst Galileo Galilei und seine Schüler zu Temperaturmessungen verwendet, entdeckt hatte es aber schon um 250 v. Chr. der griechische Naturforscher Archimedes. Erstmals für den Bau von Aräometern nutzte der Araber Al-Chasini um 1120 diesen Effekt. Zu wissenschaftlichen Instrumenten machten die gläsernen Dichtemesser indes erst 1675 der englische Chemiker Robert Boyle und 1768 der französische Apotheker Antoine Baumé, indem sie geeignete Skalen entwickelten. Besonders die Baumé-Grade setzten sich auch vorübergehend allgemein durch, wurden dann aber von einer schier endlosen Flut spezieller Flüssigkeitsdichte-Einheiten der unterschiedlichsten Branchen verdrängt. Batteriesäurehersteller und Weinproduzenten, Zuckersirupfabrikanten und Molkereibetriebe, Mineralölexperten und Urologen, sie und hundert andere arbeiten heute mit gläsernen Aräometern, und die meisten von ihnen messen mit der gleichen Technik, aber in unterschiedlichen Einheiten.

Ohne Glas gar nicht denkbar ist ein anderes Messinstrument, die Libelle. Millionenfach in Bauwasserwaagen, aber auch in Hochpräzisions-Nivelliergeräten in aller Welt vertreten, scheinen ihr Aufbau und ihre Funktion äusserst simpel zu sein. Doch dieser Schein trügt. Um 1660 von dem Franzosen Thévenot erfunden, wurden sie erstmals gegen 1800 von Georg von Reichenbach und dem deutschen Physiker Joseph Fraunhofer in ihrer gemeinsam gegründeten Optischen Anstalt in Benediktbeuren in Serie gefertigt. Sie waren noch mit Stopfen verschlossen, und die Flüssigkeit in ihrem Innern – Alkohol oder Äther – verdunstete manchmal im Laufe der Zeit oder korrodierte das Glas, und die niveauanzeigende Luftblase blieb dann hängen. 1895 gelang in Petersburg erstmals die Fabrikation zugeschmolzener Libellen. Das Verdunstungsproblem war damit gelöst. Und die Flüssigkeiten in den heutigen Wasserwaagen greift das Glas selbst in Jahrzehnten nicht an. Es ist absolut wasserfreier Äther oder Heptan. Der Ausdruck Wasserwaage ist also längst fehl am Platze. Was an diesen Nivellierinstrumenten die Jahrhunderte wirklich überdauert hat, ist allein das Glas.

Von Beryllen, Brillen, Mikroskopen und Fernrohren

In der sechsten Szene des vierten Akts seines King Lear lässt Shakespeare den alternden Titelhelden dem blinden Grafen Gloster folgenden Rat geben: *«Schaff Augen dir von Glas, und, wie Politiker des Pöbels, tu', als sähst du Dinge, die du doch nicht siehst.»* Das war im Jahre 1605 oder 1606. Knapp ein halbes Jahrhundert vor dem grossen englischen Dramatiker – 1561 – beschrieb der französische Chirurg Ambroise Paré erstmals Glasaugen und bildete sie auch ab. Wer sie erfunden hat oder wie alt sie zu seiner Zeit schon waren, verschweigt der Arzt. Sehr wahrscheinlich stammen sie aus dem zeitigen 16. Jahrhundert und entwickelten sich aus emaillierten Halbschalen aus Gold oder Silber zu gläsernen Vorlege- und Einlegeaugen. Die Fabrikation der ersten Augenprothesen ging sicher von Venedig aus, später übernahm dann Paris die Führung auf diesem Sektor und behielt sie bis 1855, als dem Neffen eines deutschen Glasaugenherstellers wesentliche technische Fort-

Ohne Glas keine Fotooptik.

schritte gelangen. Dieser Friedrich Adolf
Müller fertigte in zahlreichen einzelnen Ar-
beitsgängen sehr kunstvolle Imitationen des
gesunden Auges an, die zugleich rund 30 Pro-
zent leichter waren als die französischen und
deren Glas sich als resistenter gegenüber der
Tränenflüssigkeit erwies. Zunächst stellte
Müller den Augapfel aus weisslich getöntem
Hohlglas her, brachte dann einen farbigen
Irisuntergrund auf und belebte diesen mit fei-
nen verschiedenfarbigen Glasfäden. In die
Mitte setzte er an die Stelle der Pupille einen

schwarzen Glaspunkt. Schliesslich brachte er
auf den gläsernen Augapfel noch feinste
Goldrubinfäden auf, die die Blutäderchen
imitierten. – Was äusserlich so perfekt wirkte,
hatte – und hat auch heute noch – allerdings
ein entscheidendes Manko: das Sehvermögen
gaben die Glasaugen dem Blinden nicht zurück.

Aber auch die frühen Brillen scheinen ihren Benutzern gelegentlich das Bild eher ver-
zerrt als verdeutlicht zu haben. Noch im 15.
und 16. Jahrhundert waren Redewendungen

wie «*jemandem eine Brille verkaufen*» oder «*jemanden brillen*» sehr gebräuchlich. Sie bedeuteten nichts anderes, als jemanden nach Strich und Faden zu betrügen. So trat der kluge Schalksnarr Till Eulenspiegel zwar mit einem gläsernen Spiegel auf, den er dem Volk vorhielt, aber er betätigte sich auch als «Brillenverkäufer», der jedermann an der Nase herumführte. Und eine junge Frau, die ihren alten Ehemann mit einem flotteren Galan betrog, «*hörnte*» den Gatten um 1500 nicht, sie «*brillte*» ihn. Die Optiker unserer Tage wären mit Recht empört über derartige Wortspiele.

Damals aber mögen sie in der Tat begründet gewesen sein, denn eigentliches optisches Glas gibt es erst seit Ende des 19. Jahrhunderts. Otto Schott erfand es 1879.

Die optischen Eigenschaften geschliffener Quarzkristalle kannten schon die Römer. Sie wussten um ihre Vergrösserungswirkung. Allerdings darf man nicht glauben, dass das oft zitierte Augenglas aus geschliffenem Smaragd, das der kurzsichtige Kaiser Nero nach Plinius' Angaben um 66 n. Chr. benutzt haben soll, um Gladiatorenkämpfe besser beobachten zu können, ausgeprägte optische Qualitä-

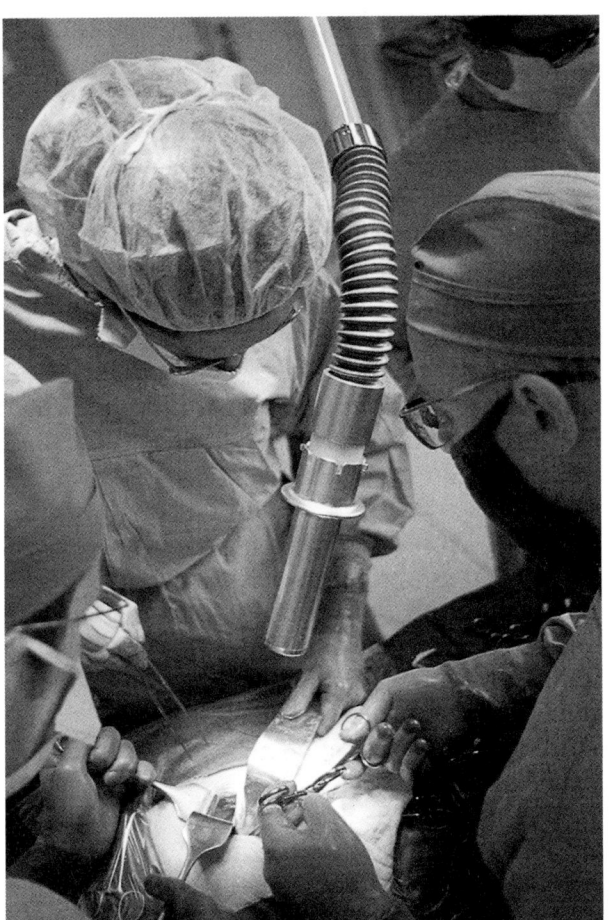

Seite 110
In Gips eingebettet, werden optische Gläser geschliffen und poliert.

Seite 111
Links: Die Glasfaseroptik leitet das Licht punktgenau dorthin, wo es gebraucht wird.
Rechts: Bleisilikatgläser machen hochenergetische Atomteilchen sichtbar. Schnelle Elektronen, Mesonen, Protonen usw. lösen in ihnen einen bläulichen Lichtblitz, die Cerenkov-Strahlung, aus. Diese Glasblöcke für ein Atomforschungszentrum gehören zu den teuersten Spezialgläsern der Welt.

ten besessen hätte. Auch handelte es sich um ein Einzelstück. Allerdings schliff man in Rom schon gezielt klare Kristalle – allen voran die Berylle – von denen sich später das Wort Brille ableitete – zu Sammellinsen. Mit dem Verfall des Weltreichs ging diese Kenntnis wie so manches technische Wissen für die Öffentlichkeit verloren. Der Klerus machte eine Geheimlehre daraus. Die «Beryllen» fanden – bald auch aus Glas – rund ein Jahrtausend lang nur eine Anwendung als Vergrösserungslinsen in den Wänden von Monstranzen und Reliquiaren. Erst um 1280 gelang es den Glasmachern in Venedig, die Konvexlinsen zu profanieren und als Lesebrillen für «Altersweitsichtige» zu verbreiten. Der 47. Erzbischof von Canterbury berichtete darüber. Abbildungen von Lesebrillen sind hingegen erst aus der Mitte des 14. Jahrhunderts aus Norditalien überliefert. Und bis schliesslich auch den Kurzsichtigen geholfen werden konnte, vergingen noch zwei weitere Jahrhunderte. Erst im 16. Jahrhundert schliffen Glashandwerker Konkavlinsen. In dieser Zeit brachte wohl auch die Idee, mehrere unterschiedliche Linsen zu einem System zusammenzustellen, die Optik voran. In Italien versuchten Glasmacher und Wissenschaftler – unter ihnen der Arzt Girolamo Fracastoro – erstmals, Mikroskope und Ferngläser herzustellen, was ihnen allerdings nicht so recht gelang. Immerhin,

der Gedanke war geboren, der Rest war eine Frage sorgfältiger Entwicklungsarbeit. Die übernahmen schliesslich holländische Brillenschleifer wie Hans und Zacharias Jansen, die ein zweilinsiges Mikroskop bauten, und Johann Lipperhay, der 1609 ein Patent auf ein binokulares Fernrohr erhielt. Auch diese optischen Geräte waren noch alles andere als perfekt. Ihr Glas war minderwertig, die Schleiftechnik mangelhaft, und an Berechnungsgrundlagen für die Mehrlinser fehlte es völlig. Allein die handwerklichen Schwierigkeiten liessen sich relativ rasch überwinden. So gelang es dem Naturforscher Antonie van Leeuwenhoek 1676, der selbst ein exzellenter Glasschleifer war, die besten Linsen seiner Zeit zu produzieren, darunter solche, die nur drei

Millimeter Durchmesser hatten, und andere, die mehr als 300fach vergrösserten. Mit seinen selbstgeschliffenen Instrumenten wurde Leeuwenhoek zwar zum Vater der wissenschaftlichen Mikroskopie, nicht aber zum Pionier des Mikroskopebaus, denn auch er konnte keine Mehrlinsensysteme berechnen und begnügte sich notgedrungen mit Einlinsern. Immerhin entdeckte Leeuwenhoek mit seinen Präzisionsoptiken 1676 die Welt der Bakterien.

Erst 1733 gelang es dem englischen Erfinder Chester Hall, einen entscheidenden Nachteil der stark lichtbrechenden Linsen zu beheben, den der chromatischen Aberration, die darauf beruht, dass die geschliffenen Gläser das farblose Licht in seine Spektralfarben auflösen, weil sie die verschiedenen Lichtfar-

ben unterschiedlich stark brechen. Hall gelang es, eine Linse aus stark farbstreuendem mit einer solchen aus wenig farbstreuendem Licht zu einer achromatischen Doppellinse zusammenzukitten.

Mit der chromatischen Aberration kämpften nicht nur die frühen Mikroskopebauer, auch die Konstrukteure von Fernrohren, darunter so prominente Wissenschaftler wie Galileo Galilei (1609) und der Deutsche Johannes Kepler, dessen erstes astronomisches Fernrohr 1611 Christoph Scheiner baute, erhielten durch die Farbverschiebung nur mangelhafte Bilder. Dem genialen Isaac Newton gelang es allerdings schon lange vor Chester Hall, Mond und Sterne ohne die störenden bunten Ränder im Teleskop sichtbar zu machen. Newton benutzte 1668 keine achromatischen Linsen, sondern einen kleinen Hohlspiegel, der das Licht ja nicht brach, sondern reflektierte und deshalb alle Lichtfarben gleich ablenkte. Das erste achromatische Linsenteleskop allerdings stammt wiederum von Chester Hall, der sich auch als Amateurastronom betätigte. Später erfand unabhängig von Hall der deutsche Physiker Joseph von Fraunhofer die achromatische Doppellinse noch einmal, allerdings in einer weitaus besseren Ausführung.

Von 1873 an revolutionierte der deutsche Physiker Ernst Abbe, zunächst Mitarbeiter und von 1889 an Alleininhaber der Optischen Werke Carl Zeiss in Jena, die Optik. Er gab ihr erstmals eine wissenschaftliche Grundlage. Zunächst stellte er eine Theorie der mikroskopischen Abbildung auf, mit der es gelang, Objektive und Objektivkombinationen zu berechnen, die alles bisher Dagewesene qualitativ in den Schatten stellten. Mit ihnen führte er die Firma Carl Zeiss zu Weltruhm. Als nächstes gelang es Abbe, mit der Erfindung des Ölimmersions-Mikroskops den Abbildungsmassstab bis zur 2000fachen Vergrösserung zu steigern. 1894 erhielt Abbe ein Patent auf ein binokulares Prismenfernrohr. Die Idee dazu hatte zwar schon 1854 der Italiener Ignazio Porro, doch führte sie damals nur zu magelhaften Geräten, die ausserdem in Deutschland unbekannt geblieben waren.

Abbes physikalisch-mathematische Arbeiten gingen Hand in Hand mit glaschemischen Entwicklungen von Otto Schott voran. Bereits 1879 hatte Schott in einem Experiment Gläser mit einem Lithiumzusatz erschmolzen, die ganz hervorragende optische Eigenschaften zeigten. Er stellte sie dem damaligen Direktor der Jenaer Sternwarte, Ernst Abbe, zur Begutachtung vor. Rohgläser entstanden und wurden im Institut von Carl Zeiss, dessen Mitinhaber Abbe war, geschliffen. Bald taten sich die Wissenschaftler zusammen, und 1884 gründeten sie das Glastechnische Laboratorium Schott & Genossen, das zur bedeutendsten Spezialglas-Entwicklungsstätte der Welt werden sollte.

Die wissenschaftliche Behandlung der optischen Gläser durch Abbe und Schott baut auf zwei charakteristischen Materialeigenschaften auf: dem Grad der Lichtbrechung (Brechungsindex) und der Farbzerstreuung (Dispersion). Definitionsgemäss unterscheiden die Fachleute zwischen Flintgläsern mit hoher Farbzerstreuung bei einer bestimmten Lichtbrechung und Krongläsern mit geringer Farbzerstreuung bei derselben Lichtbrechung. Je grösser die Lichtbrechung, desto grösser muss auch die Farbzerstreuung sein, damit das Glas in die Klasse der Flintgläser gehört. Vor der Ära Schott/Abbe kannte die Optik nur einfache Krongläser mit sehr niedriger und einfache Flintgläser mit sehr hoher Dispersion. Zwischen 1880 und 1895 entwickelten die Jenaer Wissenschaftler eine grosse Vielzahl neuer Gläser gezielt mit speziellen opti-

Seite 115
Der Grössenvergleich mit den Glaskopf-Stecknadeln zeigt, wie klein heute präzise gearbeitete Glaslinsen – etwa für elektronische Geräte – sein können.

schen Eigenschaften. Das gab der optischen Industrie einen gewaltigen Aufschwung.

Ein neuerlicher Entwicklungsschub optischer Gläser setzte um 1930 ein. Jetzt experimentierte man mit Zugaben sogenannter seltener Erden, also chemischer Elemente wie Lanthan und erhielt exotische Glasvarianten mit hohen Lichtbrechwerten und zugleich sehr niedriger Farbzerstreuung. Sie eignen sich besonders für Objektive extremer Abbildungstreue. Die deutsche Fotoindustrie profitierte vor dem Zweiten Weltkrieg in erster Linie davon.

Heute ist die Glasforschung noch weiter fortgeschritten. Neuere und neueste Entwicklungen brachten zum Beispiel «athermalisierte» Gläser, deren optische Eigenschaften nahezu temperaturunabhängig sind, die extrem schlierenfrei und homogen sind, oder die als sogenannte «Gradientenlinsen» vom Linsenzentrum zum Rand hin kontinuierlich ihren Brechungsindex verändern.

Andere optische Spezialgläser hat die moderne Industrieforschung für alle möglichen Farb- und Strahlenfilter entwickelt. Und auch Lasergläser, die bei Anregung durch Licht aus Xenon- oder Krypton-Blitzlampen energiereiches einfarbiges Laserlicht aussenden, gehören im weiteren Sinne zur Kategorie spezieller Filter. Andere technische Spezialgläser verwendet die Atomforschung, um einzelne Elektronen oder ähnliche Kernteilchen dadurch nachzuweisen, dass sie in dem Glaskörper ein bläuliches Sekundärlicht, die sogenannte Cerenkov-Strahlung, aussenden.

Ein noch recht junges, aber besonders faszinierendes Spezialgebiet der Glasoptik ist jenes der Glasfasertechnik. Dünne Fasern aus Glas lassen sich nämlich keineswegs nur zu wärmedämmender Glaswolle oder zu feuerfestem Glastextil verarbeiten. Extrem reine Fasern aus besonders lichtdurchlässigem Glas übertragen Lichtwellen und auch andere elektromagnetische Wellen verzerrungsfrei über grosse Entfernung. Wer sich eine einen Kilometer dicke Fensterscheibe vorzustellen versucht, durch die er absolut scharf, klar und verzerrungsfrei den Hintergrund auf der anderen Seite sieht, wobei auch von der Hellig-

keit der Szenerie nur die Hälfte verlorengeht, der hat eine ungefähre Vorstellung von der Qualität sogenannter Lichtleitfasern. Natürlich ist auch durch eine zehn Kilometer lange derartige Faser das Bild hinsichtlich seiner Schärfe noch immer sehr gut zu erkennen, nur die Lichtstärke ist dann auf ein Tausendstel abgesunken. Das aber lässt sich durch optische Verstärker ausgleichen. Im Gegensatz zur Fensterscheibe braucht man durch ein Bündel von Lichtleitfasern aber nicht geradlinig «hindurchzuschauen». Es kann beliebig in Kurven gelegt und um Ecken und Kanten geführt werden. Das Licht ist in ihm durch die

Geübte Spezialisten können nach der Schattenmethode kleinste Unreinheiten oder Schlieren in optischem Glas erkennen.

Totalreflexion an den Innenwänden regelrecht kanalisiert.

Solche Faseroptiken haben schon heute vielfache Anwendungsgebiete erschlossen. Durch sie kann zum Beispiel ein Arzt ohne grösseren operativen Eingriff in den Magen oder gar in das Herz eines Patienten sehen, wenn er das elastische Glaskabel durch die Speiseröhre oder eine Blutader schiebt. Das für die Betrachtung notwendige Licht fällt durch einen Teil des Faserbündels, ein anderer übermittelt das Bild nach aussen. Lichtleitfasern kontrollieren die Funktion von Ölbrennern und fungieren als Wechselsignalgeber im Strassenverkehr. Oder sie übertragen wie ein Telefonkabel elektromagnetische Wellen. Während allerdings ein normales Zweileiter-

Kupferkabel nicht mehr als 63 Telefonate und ein heute übliches sogenanntes Koaxialkabel einige tausend Gespräche gleichzeitig übertragen kann, laufen durch eine einzige Glasfaser von nur rund einem fünfzigtausendstel Millimeter Durchmesser ohne weiteres 30 000 oder 40 000 Ferngespräche zur selben Zeit. Schon ein kugelschreiberdickes Bündel könnte vier Milliarden Telefonate oder statt dessen 200 000 verschiedene Fernsehprogramme zeitgleich fortleiten.

Die sogenannte Breitbandkommunikation, die derartiges im Bereich der Lichtwellenleitung möglich macht, schickt sich gerade an, die gesamte Kommunikationstechnik zu revolutionieren. Die ersten Schritte sind erfolgreich getan. Der Weg selbst besteht im buchstäblichen Sinne aus Glas.

Der Aufbruch ins Glaszeitalter

Die Entwicklungsgeschichte des Glases in der Neuzeit ist von einigen wenigen grossen Namen geprägt. 1679 publizierte der Leiter der von Friedrich dem Grossen gegründeten Potsdamer Glashütte, Johann Kunckel von Löwenstern, alles ihm zugängliche überlieferte Wissen und auch seine eigenen reichen Erfahrungen auf dem Gebiet des Glasmachens – er hatte unter anderem das echte Rubinglas erfunden – in einem Standardwerk, seinem Handbuch «Ars vitraria experimentalis». Es sollte annähernd zwei Jahrhunderte lang die Bibel der Glasmacher bleiben. Gundlegend neue Gläser entwickelte in dieser Zeit allenfalls der Münchner Spiegelmacher und spätere Physikprofessor Joseph Fraunhofer, dem es gelang, erste Spezialgläser für leistungsstarke optische Geräte herzustellen.

Verfahrenstechnische Neuerungen löste dann in der zweiten Hälfte des 19. Jahrhun-

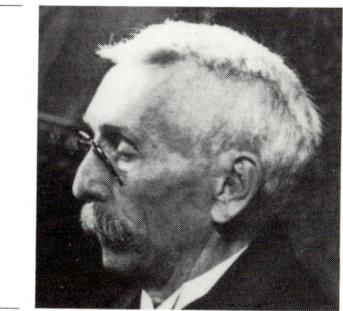
Otto Schott

Ernst Abbe

Carl Friedrich Zeiss

derts der rapide steigende Bedarf vor allem des Bauglases aus, den die konventionellen Hütten nicht hätten befriedigen können. Allein Paxtons «Kristallpalast», der 1851 der Londoner Weltausstellung Raum gab, war aus einem Stahlgitterwerk mit 300 000 eingelegten Glasscheiben aufgebaut. Die maschinelle Herstellung von Flachglas entwickelte sich, und kurz vor 1900 erfand der Amerikaner Michael Owens auch die automatische Flaschenblasmaschine.

Das geniale Wissenschaftlergespann Otto Schott und Ernst Abbe, von dem schon im Zusammenhang mit den optischen Gläsern im letzten Kapitel die Rede war, legte dann am 27. Mai 1879, dem Tag, an dem sich der Chemiker Dr. Otto Schott erstmals in einem Brief an den Physiker, Astronomen und Manager der optischen Werke von Carl Zeiss, Ernst Abbe, wandte, den Grundstein zur systematischen Entwicklung neuer Gläser. Nach sechs Jahrtausenden empirischer Glasmacherei brach jetzt endlich das eigentliche Glaszeitalter an. Schlag auf Schlag entstanden in der 1884 gegründeten gemeinsamen Firma neue Produkte: Thermometergläser, gegen Hitze, Druck und Chemikalien widerstandsfähige

Industriegläser, optische Gläser jeder Grösse für Mikroskope und Fernrohre, Gläser für lichtstarke Fotoobjektive, feuerfeste und schwer zerbrechliche Gläser.

Als Ernst Abbe 1905 sein Lebenswerk beendete, hatte das Unternehmen den Charakter einer Stiftung. «Ich gedenke nicht, als Industriemillionär zu sterben!», hatte er gesagt, und sein Vermögen auf die von ihm gegründete Carl-Zeiss-Stiftung übertragen. Otto Schott, der 1935 zu Grabe getragen wurde, folgte diesem Vorbild. Zweimal erschütterten Kriegswirren die deutsche Weltfirma. Und nach 1945 siedelten viele Spezialisten des berühmten Jenaer Glaswerks von Zeiss und Schott in das wirtschaftlich bald neu erstarkende West-

deutschland über. 1952 öffnete das «Jenaer Glaswerk Schott und Genossen» seinen neuen Stammsitz in Mainz. Heute beschäftigt die Unternehmensgruppe – sie nennt sich inzwischen «Schott Glaswerke» – in der Bundesrepublik rund 12 000 Mitarbeiter und vertreibt über 50 000 verschiedene Glaserzeugnisse in mehr als 100 Ländern der Welt.

Zahlreiche Branchen haben von den Entwicklungen Schotts und Abbes und ihrer Mitarbeiter profitiert: die Elektrotechnik und Elektronik, die Optik und Feinmechanik, die Chemie, Pharmazie und Medizin, die Nachrichten- und Verkehrstechnik, das Baugewerbe, die Hausgerätehersteller und die Haushalte selbst und viele andere. – Eine lange Liste

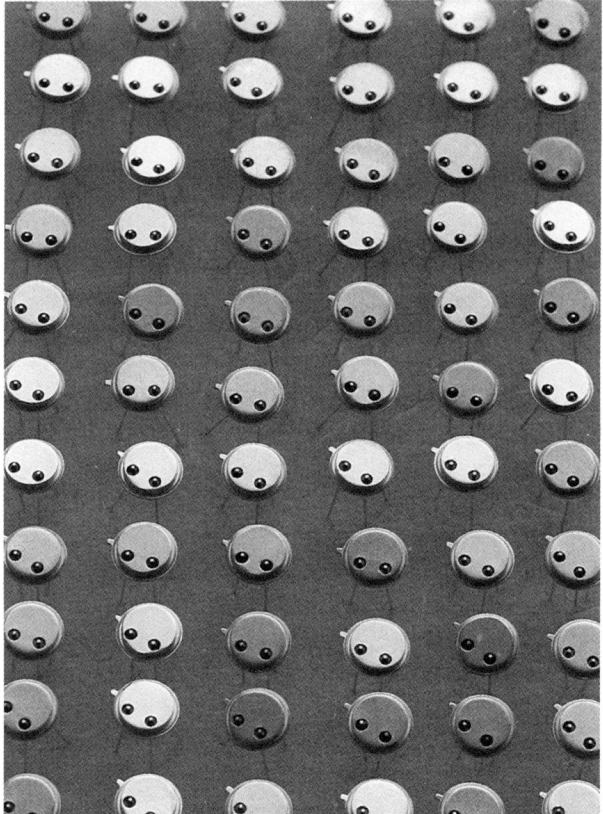

ausgesprochener Spezialgläser muss allein die Bedürfnisse der Elektro- und der Elektronikindustrie befriedigen. Sie stellt hohe Materialanforderungen in mehr als einer Hinsicht: Neben hervorragender elektrischer Isolation und absoluter Gasdichtigkeit verlangt sie von manchen Gläsern ein hohes Absorptionsvermögen für ganz bestimmte Strahlungen, ein exakt spezifiziertes thermisches Verhalten oder etwa Beständigkeit gegenüber speziellen Gasen und Dämpfen, wie sie in manchen Lampen auftreten. Den verschiedenen Anforderungen entsprechend, bietet die moderne Glasindustrie ein ganzes Sortiment von Spezialgläsern für die Elektrotechnik an. Da gibt es verschiedenartige Einschmelzgläser, die sich für die gasdichte Ummantelung der Durchführungen von Wolfram-, Molybdän- oder sogenannten Kovar-Metall-Drähten durch Röhren- oder Lampenwände eignen und in ihrem Wärmeausdehnungsverhalten genau dem des jeweiligen Metalls entsprechen. Da gibt es hoch bleihaltige Spezialgläser zur Kapselung von Dioden, Präzisionswiderständen und -kondensatoren und anderen Bauelementen; infrarotabsorbierende Gläser, die dem besonderen Herstellungsprozess hermetisch gekapselter, mit speziellen Gasen gefüllter elektrischer Bauteile entgegenkommen; Sondergläser für Fernsehröhren, die sich nicht nur leicht in die gewünschte Form bringen

Seite 118
In 7000 Metern Meerestiefe werden hohle Glaskugeln als Auftriebskörper für Fallgreifer verwendet. Stahkugeln mit derselben Wandstärke würden unweigerlich zerdrückt.

Seite 119
Glaslot in der Serienanwendung bei vergoldeten Transistorgehäusen garantiert hermetische Kapselung.

119

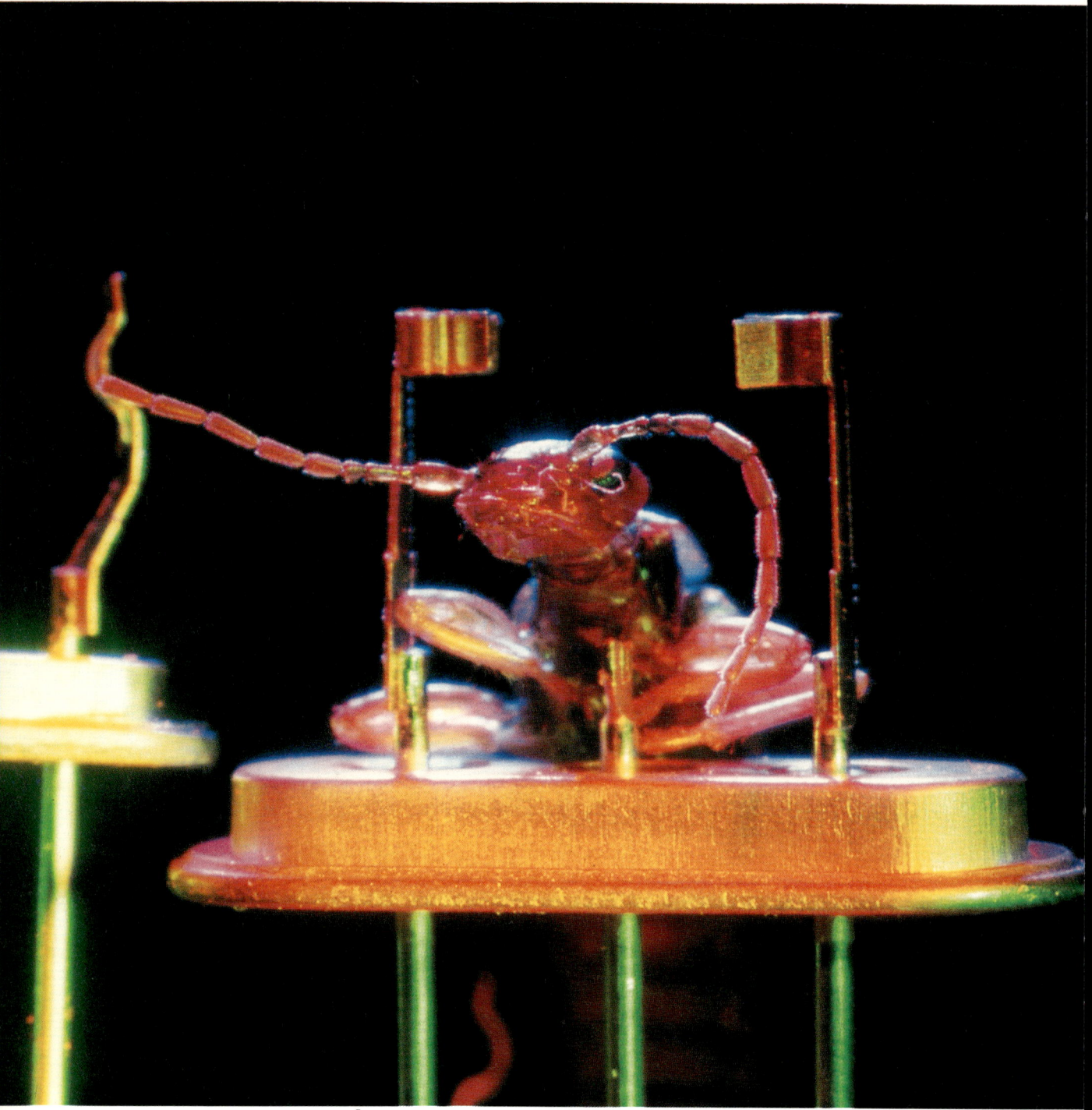

Seite 120
Kontaktdrähte von Halbleitern werden mit Glaslot
isolierend durch das Gehäuse geführt.
Die Ameise verdeutlicht, wie fein und präzise
hier gearbeitet werden muss.

Seite 121
Am 1. März 1912 fertigte ein eigens
eingerichtetes Labor der AEG nach einer Erfindung
von Robert von Lieben die erste Elektronen-
Verstärkerröhre der Welt.

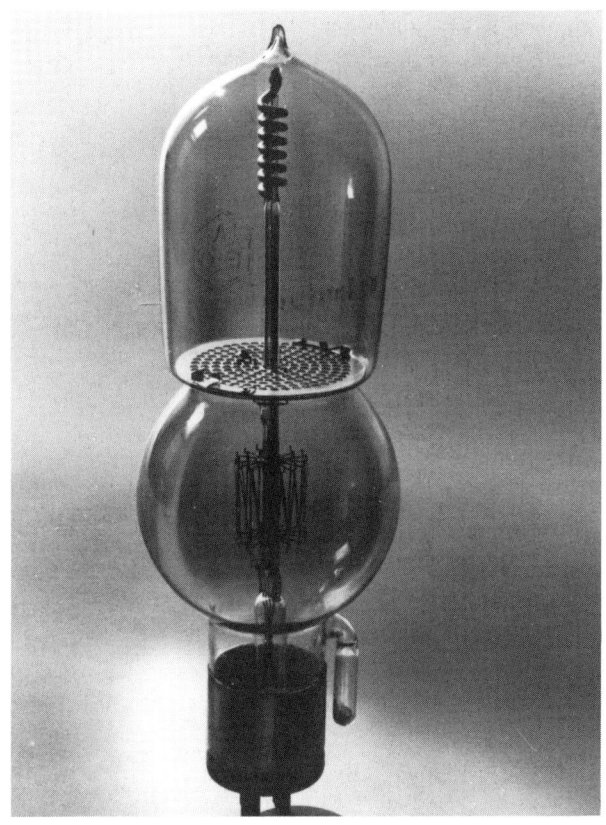

lassen, sondern zugleich hochspannungsfeste Durchführungen erlauben und den Austritt von Röntgenstrahlen weitgehend verhindern. Andererseits müssen die Gläser der Röntgenröhren für die in diesem Fall erwünschte harte Strahlung besonders gut durchlässig sein und dabei in bezug auf Homogenität und Schlierenfreiheit den Anforderungen an optisches Glas gerecht werden. Sie enthalten heute im allgemeinen fast nur leichte chemische Elemente (mit Atomgewichten unter 40). Aus gleichartigen Gläsern bestehen die Wandungen von Sende- und Bildverstärkerröhren.

Spezielle Glaslote mit besonders niedriger Fliesstemperatur (450 bis 550 °C) eignen sich, um elektrisch nicht leitende Lötverbindungen zwischen normal erweichenden Gläsern, Keramik und Metall herzustellen. Diese Glaslote kommen meist als Pulver in den Handel, das vor der Verarbeitung mit Wasser oder Methanol zu einer Paste angerührt wird. Manche Glaslote besitzen die Eigenart, während des Lötprozesses ganz oder teilweise zu kristallisieren und sich dabei in Keramik zu verwandeln. Solche Verbindungen sind besonders stabil und erweichen auch bei nochmaliger Erhitzung über die Löttemperatur hinaus nicht mehr. Anderen Glasloten sind Feststoffe zugesetzt, die sich im Gegensatz zum Glas selbst bei Erwärmung nicht ausdehnen, sondern schrumpfen. Die entstehenden Lötverbindungen lassen sich damit auf die Wärmedehnung Null einstellen. Sinterglas hoher Massgenauigkeit wiederum, wie sie bei winzigen elektronischen Bauteilen vorkommt, lässt sich zunächst aus einer Masse aus Glaspulver und plastischen organischen Bindemitteln pressen und dann bei Temperaturen von nur 600 bis 700 °C zu einem reinen und formstabilen Glaskörper verbacken. Die organischen Bestandteile verbrennen oder verdampfen bei diesem Prozess.

Glas kann in der Elektronik nicht nur eine passive Rolle als Dichtmaterial, elektrischer Isolator, Kondensatordielektrikum und so

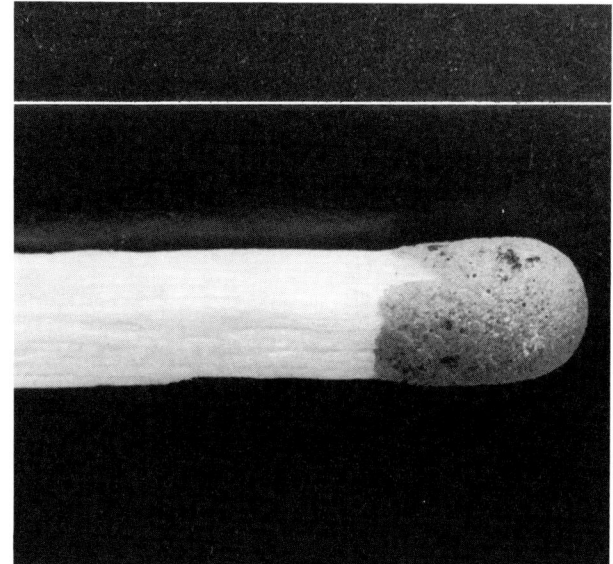

Seite 122
Links: Das Spezialglas FOTURAN lässt sich
präziser ätzen als jeder andere Werkstoff. 800 fast
zylindrische Löcher pro Quadratzentimeter
beweisen das.
Rechts oben: Der Vergleich mit dem Streichholz
zeigt, wie fein eine Lichtleitfaser ist, die zeitgleich
30 000 bis 40 000 Telefonate übertragen kann.
Rechts unten: Textilglasfaser-Fertigung.

Seite 123
Nur ein Fünftel eines Haares stark ist jede dieser
ca. 50 000 Lichtleitfasern. Dennoch bestehen sie aus
zwei verschiedenen Gläsern: einem hochbrechenden,
das Licht leitenden Faserkern und einem niedrig-
brechenden Mantel, der für die Totalreflexion sorgt.

weiter spielen, es kann auch aktiv an elektronischen Prozessen beteiligt sein. Ein Paradebeispiel hierfür sind Ultraschall-Verzögerungsleitungen. Bei der elektronischen Signalübertragung, unter anderm bei der Übertragung der roten, grünen und blauen Teilbilder im Farbfernsehgerät, kommt es manchmal vor, dass die elektrischen Signale nicht direkt, sondern zeitlich geringfügig verzögert weitergeleitet werden sollen. Rein elektronische Bauelemente können diese Aufgabe oftmals nicht oder nur mit erheblichem Aufwand lösen. Hier kommt Glas zur Hilfe. Ein elektroakustischer Wandler setzt das elektrische Signal – wie ein Lautsprecher – zunächst in ein Ultraschallsignal um. Dieses fällt auf eine kleine Glasplatte mit parallelen Seitenwänden, wird in dieser mehrfach im Zickzack hin und her reflektiert und an seiner Austrittsstelle von einem Ultraschallmikrofon wieder in ein elektrisches Signal zurückverwandelt. Die Schallwellenlaufzeit im Glas lässt sich mit geringem Aufwand äusserst präzise einstellen.

Ebenfalls elektrisch aktiv sind die sogenannten elektronenleitenden Gläser. Eine ihrer Unterfamilien eignet sich für den Bau sogenannter «Multiplier». In ihnen lassen sich für das menschliche Auge kaum sichtbare Bilder zu brillanter Helligkeit verstärken oder gänzlich unsichtbare Strahlungen wie Infrarot, UV oder Röntgenlicht in den sichtbaren Bereich umsetzen. Technisch noch in den Kinderschuhen stecken Forschungsarbeiten mit elektronenleitenden Gläsern, die ausgeprägtes Halbleiterverhalten zeigen.

Spezialgläser im Übergangsgebiet zwischen Elektronik und Chemie sind die Elektrodengläser, wie sie heute allgemein in pH-Messgeräten verwendet werden. Der pH-Wert gibt den Grad der Alkalität oder der Acidität von Laugen oder Säuren an und ist eine wichtige Kennzahl etwa bei der Steuerung chemisch-technischer Prozesse, in der Trinkwasserüberwachung, in Umweltmessnetzen, in der Medizin und in der Lebensmittel- und Getränkeindustrie.

Von Glasfasern als optischen Leitern war schon die Rede. Fasern aus Kaltnatronglas, die auf rotierenden Scheiben durch Schleudern kleiner flüssiger Glaströpfchen entstehen oder auch durch Düsen geblasen werden können, kennen aber noch zahlreiche andere Anwendungsgebiete. Die leichte, aus verfilzten Kurzfasern aufgebaute Glaswolle mit einem Raumgewicht von nur 30 bis 200 Kilogramm pro Kubikmeter eignet sich als hervorragendes, verrottungsfestes Wärme- und Schallisoliermaterial im Baugewerbe. Sie kommt als lose Watte, in Form von Filzbahnen und -tafeln oder von kunstharzgetränkten Pressteilen auf den Markt.

Weniger als achtzehntausendstel Millimeter starke Glasfasern lassen sich zu flexiblen Glasfäden beliebiger Länge verspinnen, aus denen wiederum durch Verdrillen Glasseidengarn und -zwirn hergestellt werden. Diese Glasseiden eignen sich durch ihre hohe Zugfestigkeit und gleichzeitig geringe Dehnung hervorragend zur Verstärkung von Kunststoffen. Es gibt GfK-Materialien (glasfaserverstärkter Kunststoff) mit lagenweise gekreuzt eingelegten losen Glasfassersträngen und solche mit regelrechter Glasgewebeeinlage. Als leichte, sehr stabile und oft auch elastische Materialien haben sie sich unter anderem besonders im Sport bewährt. Hochsprungstäbe, Surfbretter, Kajaks oder Schwimmbecken bestehen heute oft aus GfK. – Zu Textil verwebt, lässt sich Glasseide zu farbenfrohen, schmutzunempfindlichen und brandsicheren Gardinen und anderen Dekorationsstoffen verarbeiten.

«Wäre das Glas nicht vor einigen tausend, sondern erst vor wenigen Jahren erfunden worden, so stände es heute zweifellos im öffentlichen Ruf, das modernste, ja revolutionärste Packmaterial zu sein», beginnt eine Abhandlung der schweizerischen Verpakkungsglas-Expertin Vetropack AG. Und sie hat recht.

Wie kein zweites Material vereinigt Glas in sich eine Reihe von Eigenschaften, die es in vielen Branchen zum besten Verpakkungsstoff überhaupt macht. Getränke, Lebensmittel- und Genussmittel schützt Glas vor Aromaverlust, und es gibt selbst keinen Geschmack ab. Es ist gasdicht, bewahrt also das verpackte Gut vor Oxidation. Als farbiges Glas, besonders als Braunglas, schützt es vor zersetzenden Lichtstrahlen. Es lässt sich hoch erhitzen und erlaubt deshalb das Pasteurisieren und Sterilisieren des Inhalts im verschlossenen Gefäss. Es hält innerem Überdruck – etwa bei Bier, Sekt oder Mineralwasser – stand und schützt zugleich vor Druckverlust. Glaspackungen, gleichgültig ob Flaschen oder Weithalsgefässe, sind standfest, wieder verschliessbar, leicht zu reinigen und wie kaum eine andere Verpackung «salonfähig», das heisst tafelgerecht. Sie sind billig und eignen sich ideal für die industrielle Handhabung in automatischen Abfüll- und Verschlussanlagen. Und schliesslich lassen sie sich im Gegensatz zu fast allen anderen Verpackungen mehrfach verwenden. Die Mehrweg- oder Pfandflasche reduziert den Energie- und Rohstoffverbrauch in der Verpackungsindustrie, und sie entlastet die Müllwirtschaft. Zudem lassen sich auch Einwegflaschen besser als viele andere Verpackungen wirtschaftlich recyclieren.

Kein Wunder also, dass auch in der hoch technisierten zweiten Hälfte des 20. Jahrhunderts die Nachfrage an Behältern aus Weiss-, Grün- und Braunglas ständig wächst. Derzeit liegt die jährliche Produktionssteigerung in Mitteleuropa bei rund fünf bis zehn Prozent.

Von der Geschichte der Glasflasche war bereits ausführlich die Rede. Das moderne Verpackungsglas aber ist mehr als ein wohlge-

Auf dem Schweisser-Schutzglas hinterlassen die glühenden Metallspritzer keine Spuren.

beginnt bei den Materialeigenschaften, bedingt durch die Zusammensetzung der Glasschmelze aus den verschiedenen Rohstoffen und Altglas und dem sorgfältig festgelegten Produktionsprozess. Natürlich ist dieser auf Massenfertigung ausgelegt. Moderne, kontinuierlich arbeitende Schmelzöfen haben einen Tagesdurchsatz von 50 bis 300 Tonnen, und grosse Glasblasautomaten, formen in 24 Stunden je nach Art und Grösse 30 000 bis 300 000 Flaschen, Verpackungsgläser und Flacons. Aber diese Massenprodukte sind alles andere als «Grossserienramsch». Konstruktiv auf maximaler Haltbarkeit hin entwickelt, im Herstellprozess nach den Gesichtspunkten grösstmöglicher Glashomogenität und Reinheit verarbeitet und durch sorgfältiges Abkühlen während etwa zwei Stunden im Kühlofen weitgehend spannungsfrei gehalten, ist die Qualität des Verpackungsglases an sich heute à priori eine sehr hohe. Nicht genug damit, denn weil die Belastungen der Flaschen und Weithalsgefässe in den vollautomatischen Abfüllanlagen und auf dem Weg zum Konsumenten nicht eben gering sind, werden die aus der Blasmaschine kommenden Packungen besonders behandelt: Noch heiss, werden sie mit Titanoxid bedampft. Diese Oberflächenvergütung macht sie weitgehend resistent gegen Kratzer und andere Beschädigungen. Das ist bei Einweggefässen wichtig, denn diese sind besonders materialsparend und deshalb dünnwandig aufgebaut, und Kratzer würden sich hier nicht zuletzt als «Sollbruchstellen» auswirken.

Das ist aber auch bei Mehrwegflaschen von Bedeutung, denn ihre Lebensdauer erhöht sich dadurch. Bier- oder Sprudel-Pfandflaschen werden etwa 30- bis 60mal verwendet und laufen dabei jedesmal mit hoher Geschwindigkeit durch Reinigungs- und Füllautomaten. Durch ihre grosse Oberflächenhärte

formtes Gefäss, das sich in erster Linie am Zeitgeschmack und an seiner Aufgabe, Flüssigkeiten zu umschliessen, orientiert. So schlicht und sachlich moderne Flaschen, Konservengläser, Behälter für Obst und Gemüse, Konfitüren, Honig, Gewürze, Pulverkaffee, Joghurt, Kosmetika, Pharmazeutika und vieles andere auch aussehen mögen, sie sind samt und sonders das Produkt sorgfältiger industrieller Optimierungsplanungen. Das

überstehen sie diese Prozedur, bei der die einzelnen Flaschen vielfach gegeneinanderstossen und sich aneinander reiben, relativ unbeschadet. Damit sich diese Produktionsabläufe selbst aber so rasch wie möglich abspielen können – Zeit ist bekanntlich Geld –, legen die Betreiber Wert auf geringste Reibungsverluste. Deshalb behandeln die Verpackungsglashersteller ihre Gefässe nach dem Abkühlen auf ca. 100 °C nochmals. Sie besprühen die Glasoberfläche mit Polyoxysterat. Der entstehende, fest haftende Schutzfilm verleiht den Behältern besonders gute Gleiteigenschaften.

Das fertige Glasgefäss verlässt die Fabrik nicht ungeprüft. Zahlreiche Qualitätskontrollen – sowohl in der laufenden Produktion wie an Stichproben – garantieren einwandfreie Produkte. Automatisch wird jedes Gefäss auf Masshaltigkeit, also auf seinen Innen- und Aussendurchmesser, besonders auch an der Mündung, überprüft. Elektronisch-optische Spezialgeräte untersuchen die Glasverpackungen auf feinste, für das menschliche Auge nicht sichtbare Sprünge und Risse. Stichproben werden etwa auf Berstdruck- und Thermoschockfestigkeit geprüft. Da üben spezielle Quetschmaschinen Stauchkräfte von 0,1 bis 0,15 Tonnen aus. Da werden die Belastbarkeit beim Anbringen von Kronenkorken, die Schlagfestigkeit, die Homogenität, die innere Spannung, die Lichtdurchlässigkeit, das Verhalten gegenüber verschiedenen Chemikalien und vieles andere mehr mit Spezialverfahren genauestens kontrolliert.

Qualität ist kein absolutes Mass. Die Ansprüche richten sich nach den Forderungen des Verpackungsinhalts. UV-empfindliche Milch verlangt anderes Glas als Bier, als Rhabarberkompott oder als Pharmaka. Flaschen mit Kronenkorken müssen anders konstruiert sein als solche mit Schraubkappen. Der CO_2-Gehalt des Inhalts spielt eine entscheidende Rolle; die Abfülltemperatur, erforderliches Pasteurisieren oder Sterilisieren müssen beim Design berücksichtigt werden. Die Art der Abfüllanlage, die gewählte Transportverpackung und nicht zuletzt der optische Gesamteindruck – besonders etwa in der kosmetischen Industrie –, das alles sind Faktoren, die sich in besonderen Qualitätsansprüchen niederschlagen. Die Glasverpackungsindustrie konzipiert ihre Produkte deshalb heute in enger Zusammenarbeit mit ihren Kunden. Dabei vergisst sie allerdings nicht, auch ihre eigenen Belange optimal zu berücksichtigen. Sie fertigt rationell. Mit derselben Energiemenge, die zur Herstellung dieses Buches erforderlich war, liessen sich mehrere hundert Literflaschen – von der Rohstoffgewinnung über den Schmelzvorgang bis zur Oberflächenvergütung und Qualitätsprüfung – erzeugen. Und die jährliche Heizenergie einer durchschnittlichen Wohnung in Mitteleuropa würde in der Glasindustrie ausreichen, um rund 130 000 1-Liter-Einwegflaschen zu produzieren. Der Energiefaktor ist also ein geringer, und an Rohstoff für Glas herrscht kein Mangel. In unserer mit Verpackungen aller Art verschwenderisch umgehenden Gesellschaft glänzt deshalb Glas nicht nur optisch, sondern auch mit den Tugenden der Schonung von Energiequellen und Rohstoff-Ressourcen. – Auf die irdische Allgegenwart von Glasausgangsstoffen weist übrigens schon die Inschrift auf der Wand einer alten Waldglashütte zu Bodenmais im Bayrischen Wald hin:

Seite 127
Segel aus Textilglas (DYAS) sind wetter- und verrottungsfest und sehr widerstandsfähig.

126

«Sollte es wahr sein, dass die Erde durch Feuer vernichtet wird, dann wird die Erdrinde nach der Wiedererstarrung von einer dicken blaugrünen Glasschicht umgeben sein, und der Herrgott war selbst der letzte Glasmacher!»

Ein noch sehr junges Kind der grossen Familie technischer Gläser ist die Glaskeramik. Der Name erklärt genau, um was für eine Art Material es sich dabei handelt. Während Glas eine homogene, erstarrte Flüssigkeit darstellt, ist Keramik ein regelrechter Festkörper, der sich aus zahllosen winzigen Kristallen aufbaut. Glaskeramik verbindet beides miteinander. Bei ihr sind in einer glasigen Grundsubstanz dicht an dicht submikroskopische Kristalle eingelagert. Dichte und Grösse dieser Kristalle lassen sich durch ganz bestimmte Zusammensetzungen der Glasschmelze, vor allem aber durch einen äusserst präzise eingehaltenen thermischen Prozess beim sehr langsamen Erkalten des Materials in weiten Bereichen einstellen. Die Herstellung der Glaskeramik ist eine Wissenschaft für sich; dafür zeichnen sich die Produkte aber auch durch Eigenschaften aus, die kein zweites Material aufweist. Schon heute gibt es zahlreiche verschiedene Glaskeramiken, und beinahe alle haben sensationelle neue Anwendungsbereiche erschlossen. Einen wirklich triumphalen Siegeszug dieser neuen Materialien erwarten die Experten aber erst in der Zukunft.

Die technische Besonderheit der Glaskeramik liegt darin, dass sich ihre Eigenschaften in weitem Bereich vom Hersteller – und damit natürlich auch vom Anwender – bestimmen lassen, denn sie werden nicht nur vom Glas, sondern entscheidend auch von den darin fein verteilten Kristallen, ihrer Grösse, ihrer Dichte, ihrer Anordnung und ihrer chemischen Substanz mitbestimmt. Glaskeramik ist also ein Werkstoff nach Mass. Vereinigt man zum Beispiel Glas positiver Wärmeausdehnung mit Kristallen negativer Wärmeausdehnung, so ergibt sich eine Glaskeramik, die über Temperaturbereiche von vielen hundert Grad praktisch vollkommen formstabil bleibt. Teile daraus lassen sich aus dem gelbglühenden Zustand in Eiswasser abschrecken, ohne zu springen oder zu reissen. Glaskeramikplatten

lassen sich lokal auf 800 °C und mehr erhitzen und einige Zentimeter weiter auf Raumtemperatur halten, zumal sie schlechte Wärmeleiter sind. Sie eignen sich deshalb unter anderem hervorragend zur Herstellung pflegeleichter und eleganter Herdplatten. Für die Messtechnik fertigt die Industrie temperaturunabhängige Längenstandards aus Glaskeramik. Berühmt wurden durch Zeitungsschlagzeilen und Fernsehberichte die gewaltigen Spiegelträger astronomischer Riesenfernrohre, die Schott in den vergangenen Jahren hin und wieder aus der Glaskeramik *Zerodur* fertigte. Einer der grössten Teleskopspiegel, der je hergestellt wurde, bewährt sich heute in der Sternwarte des Max-Planck-Instituts für Astronomie in Calar Alto in Südostspanien. Der 26 Tonnen schwere Spiegelträgerrohling aus Glaskeramik benötigte eine Schmelzzeit von 21 Tagen; bis die homogene Masse nach einem fein ausgeklügelten Thermoprogramm spannungsfrei auf Raumtemperatur abgekühlt war, vergingen weitere 481 Tage. Anschliessend wurde der Koloss in rund dreijähriger Arbeit bei Carl Zeiss auf 0,0001 Millimeter Oberflächengenauigkeit geschliffen. Unter diesem Bereich liegt die Wärmedehnung des kreisrunden Glaskeramikblocks von 3,6 Metern Durchmesser bei der Erfüllung seiner astronomischen Aufgabe.

Glaskeramik kennt aber auch ganz andere Anwendungen. Manche Materialien dieser grossen Familie lassen sich wie Metalle spanabhebend bearbeiten, also bohren, fräsen oder drehen. Andere lassen sich äusserst präzise ätzen. So stellte Schott versuchsweise Rasterplatten mit 800 feinen, präzise positionierten geätzten Löchern pro Quadratzentimeter her. Solche Scheiben könnten einmal bei der Entwicklung flacher Fernsehbildschirme eine Rolle spielen. Sie eignen sich aber zum Beispiel auch als Mikrofilter.

Einen besonderen Stellenwert nimmt die Glaskeramik heute in der Implantatchirurgie ein. Mit poröser Glaskeramik überzogene künstliche Knochenteile aus Stahl oder in den Kiefer geschraubte glaskeramische Stiftzähne werden vom Körper als einziges bisher bekanntes Fremdmaterial so vollkommen akzeptiert, dass der Knochen regelrecht mit der Glaskeramik verwächst und auch nach Jahrzehnten nicht wieder abgestossen wird. Besonders wichtig ist das für den Ersatz von Gehörknöcheln: Jedes andere Fremdmaterial, das am Trommelfell anliegt, hätte dessen Rückbildung zur Folge.

Die Liste der faszinierenden Beispiele liesse sich fortsetzen. Und doch steckt die Entwicklung der Glaskeramikanwendungen erst in den Kinderschuhen. Die Zukunft wird auf diesem Gebiet gewiss noch mit technischen Sensationen aufwarten. So arbeitet die amerikanische Firma Corning derzeit an Glaskeramiksystemen, in denen sich mit einer UV-Optik fotografische Bilder wie auf einem lichtempfindlichen Film speichern lassen. Sie werden wahrscheinlich für technische und dekorative Zwecke Bedeutung erlangen.

Doch nicht nur die Glaskeramik, auch das reguläre Glas selbst lässt in zahlreichen Ansätzen Vorstösse in neue Anwendungsdimensionen dieses vielseitigen Materials erkennen. Von dem möglichen Einzug elektronenleitender Gläser in die Halbleitertechnik war schon die Rede. Neuerdings haben Forscher herausgefunden, dass sich Gläser auch aus reinen Metallen erschmelzen lassen, wenn die Schmelze nur rasch genug abgekühlt wird. Das Wort «rasch» verniedlicht allerdings den

Seite 128
Glasfasern für die Textilherstellung.

129

geforderten Temperatursprung: Die Metallschmelze muss sich in einer Tausendstelsekunde um nicht weniger als 100 Grad abkühlen. Das ist natürlich nur bei dünnen Drähten oder Bändern möglich. In amerikanischen Labors gelang es tatsächlich, Glasbänder aus Eisen-, Nickel-, Chrom- oder Edel- und Halbmetallegierungen herzustellen. Die typischen Metalleigenschaften wie Biegsamkeit, hohe Festigkeit, elektrische Leitfähigkeit und magnetisches Verhalten blieben dabei bestehen. Andere Forscher arbeiten mit guten Anfangserfolgen an Verfahren, Glas nicht aus der Schmelze, sondern bei weit niedrigeren Temperaturen ähnlich wie Kunststoff durch sogenannte Polykondensation aus flüssigen Lösungen herzustellen.

Lässt sich das Glas schon seit Jahrhunderten nicht aus dem Alltag wegdenken, in der Zukunft wird es das Leben noch weit mehr mitbestimmen. Denn Glas erwirbt durch die Arbeit der Forscher nicht nur immer neue Eigenschaften, es wird im Gegensatz zu manchen anderen Werkstoffen auch niemals knapp werden; seine Ausgangsmaterialien gibt es auf Erden schliesslich in Hülle und Fülle. Glas wird den industriellen und privaten Alltag in Zukunft aber nicht nur materiell entscheidend mitgestalten, es wird mit Sicherheit zu einem der wichtigsten Kommunikationsmedien heranreifen. Schon nach Testergebnissen von 1985 ist es möglich, den gesamten Text dieses Buches durch ein einziges Glaskabel 220 Kilometer weit (so lang ist die bisher ausgedehnteste Teststrecke) in nicht mehr als einer Hundertstelsekunde absolut fehlerfrei Buchstabe für Buchstabe zu übertragen. Und die Glasfaseroptik wird ausser der reinen Datenübertragung noch andere, zum Teil völlig neue Gebiete der Informationstechnik erschliessen. In Vorbereitung sind unter anderm Glasfaserseismographen, die auch feinste Erschütterungen der Erdoberfläche registrieren und zu einer sehr verbesserten Erdbebenvorhersage führen sollen, und Nebelsichtgeräte für Kraftfahrzeuge. – Nach 6000 Jahren Glashistorie stehen wir heute unmittelbar am Anfang des Glaszeitalters.

ZAHLEN
DATEN
UND BEGRIFFE

Kleines Glaslexikon

Abstehen, letzte Phase des Glasschmelzvorgangs, in der sich bei relativ niedrigen Temperaturen restliche kleine Gasblasen wieder in der Schmelze auflösen; folgt auf die Läuterung (s. dort).

Achatglas, Imitation des Halbedelsteins Achat durch bunt gebändertes Glas.

Alabasterglas, mattgeschliffenes Milchglas (s. dort).

Alabastron, antikes gläsernes Salbengefäss.

Alarmglas, Flachglas (s. dort) mit eingelegten feinen Drähten, die bei Glasbruch reissen und Alarm auslösen; Form des Drahtglases (s. dort).

Angster, Glasflasche mit gebogenem, meist aus mehreren Röhren bestehendem Hals (s. Guttrolf).

Antikglas, modernes Tafelglas, das bewusst mit ungleichmässigen Oberflächen und Blaseneinschlüssen gefertigt wird, um vorindustrielle Techniken vorzutäuschen.

Aryballos, kugelförmiges Glasgefäss mit Trageösen.

Ätzen, Oberflächenbehandlung des Glases mit Flusssäure zur Erzielung eines glänzenden, matten oder frostigen Dekors.

Aventuringlas, Glas mit in Flittern eingeschlossenem metallischem Kupfer.

Ballotini, 1) auf dem Mond gefundene winzige Glaskügelchen; 2) Licht in Einfallrichtung reflektierende kleinste Klarglaskügelchen, z. B. in reflektierenden Fahrbahnmarkierungen oder Verkehrsschildern.

Baluster, Trinkglas mit einem oben schlanken und nach unten stärker werdenden oder auch mit Knäufen versehenen Schaft; zuerst in England.

Baryt, Schwerspat, wird anstelle von Kalk in optischen Gläsern verwendet.

Beinglas, durch Zusatz von Knochenmehl oder Knochenasche gewonnenes Milchglas (s. dort).

Bernsteinglas, dunkelgelbes Opakglas.

Bims, Bimsstein, natürliches Schaumglas (s. dort) vulkanischen Ursprungs (s. auch Obsidian).

Bleiglas, von George Ravenscroft 1676 erfundenes Glas mit einem Zusatz von Bleioxid.

Bleiruten, Fassungsstege der Einzelscheiben und Rahmen der aus einzelnen Glasstückchen aufgebauten farbigen Fenster.

Borosilicatglas, borsäurehaltiges Glas mit hoher Beständigkeit gegen chemische Einflüsse und Temperaturunterschiede, bevorzugtes Laborglas.

Brandschutzglas, s. Schutzgläser.

Cameoglas, s. Kameoglas.

Conchilienbecher, Glasbecher mit aufgeklebten Meerestierschalen.

Craquelé, Dekor durch Risseffekte.

Diamantriss, mit einer Diamantnadel eingeritztes (graviertes) Design.

Diatret, doppelwandiger (spätrömischer) Glasbecher, dessen äussere Wand netzartig aufgelöst und mit der Innenwand nur durch dünne Glasstege verbunden ist.

Drahtglas, Gussglas (s. dort) mit eingebettetem Drahtgeflecht.

Eglomisieren, Verzieren des Glases mit einem Blattgold- oder -silberdekor.

Eingestochen, nach innen eingedellte Form eines Glas- (vor allem Flaschen-)bodens, etwa bei Sektflaschen üblich.

Einkomponentenglas, ausschliesslich aus einer einzigen chemischen Substanz (z. B. Kieselsäure) erzeugtes Spezialglas (s. Quarzglas).

Einschmelzglas, Spezialglas für die Elektronik zum gasdichten Umkleiden von metallischen Leitern, etwa bei Glühbirnen- oder Elektronenröhrenzuleitungen.

Eisglas, unmittelbar nach dem Blasen abgeschrecktes oder in feinen Glassplittern gewälztes Glas, das vielfach geborstenem Eis ähnelt.

Emailfarben, mit Metalloxiden eingefärbter Glasfluss; wird als ölvermischtes Pulver auf das zu dekorierende Glas aufgetragen und anschliessend aufgeschmolzen.

Facettieren, mit einem dekorativen, meist geometrischen Oberflächenschliff (Quadrate, Rauten usw.) versehen (s. Schleifen).

Façon de Venise, im 16. und 17. Jh. überall in Europa gefertigtes Glas im venezianischen Stil.

Fadenglas, auch *Filigranglas*, (ursprünglich venezianisches) klares Glas, in das netzförmig weisse oder farbige Glasfäden eingeschmolzen sind.

Färbungsmittel, Metallsalze, deren Ionen (Kupfer, Chrom, Mangan, Eisen, Kobalt, Nikkel, Vanadium, Titan) die Glasmasse färben.

Faseroptik, s. Glaskabel.

Fensterglas, klares Flachglas (s. dort) mit feuerpolierten (s. Feuerpolitur) Oberflächen.

Feuerpolitur, blankgeschmolzene Glasoberfläche.

Flachglas, zusammenfassender Begriff für alle in flacher Form produzierten Gläser.

Flaschenglas, ungeläutertes und deshalb dunkelgrünes oder braunes Glas (s. Waldglas).

Flintglas, von dem Engländer Ravenscroft 1647 erfundenes optisches Glas aus kalziniertem Feuerstein mit hoher Lichtbrechung und hoher Farbzerstreuung.

Floatglas, Flachglas hoher Qualität, das nach einem Anfang der sechziger Jahre des 20. Jh. erfundenen Verfahren der britischen Firma Pilkington Brothers Ltd. aus einer auf einer Zinnschmelze schwimmenden Glasschicht hergestellt wird.

Flöte, Pokal mit besonders schlanker, langer Kuppa (s. dort).

Flussmittel, alkalischer Zuschlag zum Glassatz (s. dort), z. B. Soda oder Pottasche, der den Schmelzpunkt des Siliziumdioxids herabsetzt.

Formblasen, Formgebung eines Objekts durch Einblasen in eine zwei- oder mehrteilige Form.

Formpressen, Formgebung eines Objekts durch Giessen und anschliessendes Pressen der Glasschmelze mit einem Stempel in eine Metallform (s. Pressglas).

Fourcault-Verfahren, von dem Belgier Fourcault 1905 erfundenes Verfahren, Flachglas durch eine Ziehdüse kontinuierlich direkt aus der Schmelze zu ziehen.

Freiblasen, Formgebung eines Objekts an der Glasmacherpfeife allein durch Drehen, Schwenken, Schleudern und Einfluss der Schwerkraft.

Fritte, 1) körnige Glasmasse unterschiedlicher Zusammensetzung, die dem Glassatz (s. dort) beigegeben wird, um den Schmelzprozess zu erleichtern; 2) ungeläuterter Glasfluss, der in einem weiteren Schmelzprozess fertiggeschmolzen wird; 3) durch wenig Schmelze zusammengesinterte körnige Glasmasse («ägyptische Fayence»).

Fulgurit, durch Blitzschlag aufgeschmolzener und zu Glas erstarrter Sand.

Gartenklarglas, Gussglas (s. dort) mit genörpelter Oberfläche (Lichtstreuung!) für den Gewächshausbau.

GFK, glasfaserverstärkter Kunststoff, z. B. im Karosserie- und Öltankbau oder für Hochsprungstäbe.

Glas, chemisch-physikalisch betrachtet eine unterkühlte (erstarrte) Schmelze unterschiedlicher Zusammensetzung, die nicht kristallin, sondern amorph-homogen aufgebaut ist; anwendungsbezogen auch Bezeichnung für einen gläsernen Gebrauchsgegenstand.

Glasbruch, Glasscherben, die dem Glassatz (s. dort) beigegeben werden, um das Schmelzen zu erleichtern und Energie zu sparen (s. Fritte), oder zum Zwecke des Recyclings von Altglas.

Glasfasern, meist aus Kalknatronglas (s. dort) erzeugte feine Fasern, die vorwiegend als Isoliermaterial (Glaswolle) oder für Glasgewebe Verwendung finden (s. auch GFK und Glaskabel).

Glasgalle, schaumige Verunreinigungen, die auf dem Glasfluss (oder der Glasschmelze) schwimmen und abgeschöpft werden.

Glaskabel, Lichtleitfaser, Faseroptik, flexibles Kabel aus hochreinem Glas, durch das sich verzerrungsfrei optische Bilder oder elektromagnetische Wellen leiten lassen; Anwendung: Endoskope in der Medizin, Telefon-, Daten- und Fernsehnetze usw.

Glaskeramik, Material von homogenem, teils glasigem, teils kristallinem Aufbau mit besonders geringer oder gar keiner Wärmedehnung und deshalb hoher Hitze- und Temperaturschockbeständigkeit.

Glaskrankheit, Zersetzungserscheinung des Glases.

Glasmacherpfeife, hohles Eisenrohr von 100 bis 150 cm Länge mit erweitertem Ende zur Aufnahme von Glasschmelze an der einen und Mundstück für den Glasbläser an der anderen Seite.

Glasmacherseife, Braunstein.

Glasmasse, s. Glassatz.

Glasposten, die aus dem Ofen mit der Glasmacherpfeife oder mit dem Hefteisen (s. dort) zum Zweck der Verarbeitung entnommene Menge des flüssigen Glases.

Glassatz, die zum Glasschmelzen vorbereitete Mischung von Substanzen; auch die Rezeptur hierfür.

Gravieren, Dekorieren der Glasoberfläche durch Ritzen mit einer Diamantnadel oder einem rotierenden Schleifrädchen.

Gussglas, gegossenes und gewalztes Flachglas (s. dort), das nicht klar durchsichtig ist.

Guttrolf, auch Kutterolf, mehrhälsige Flasche (s. auch Angster).

Haarriss, Fehler im Glas, der durch ungenügendes Vermischen der Bestandteile in der Schmelze hervorgerufen ist.

Hafen, Glasschmelzgefäss.

Härten des Glases, thermisches oder chemisches Vorspannen, meist von Sicherheits- oder Schutzgläsern (s. dort).

Hefteisen, Eisenstab, der bei der Weiterverarbeitung des noch weichen Glases unmittelbar nach dem Absprengen von der Glasmacherpfeife verwendet wird und an dem das Glas «heftet».

Heftnarbe, Marke an der Stelle (meist an der Unterseite) des Glases, an der das Hefteisen angesetzt war.

Heizglas, Form des Drahtglases (s. dort) oder Verbundglas (s. dort), wobei die eingelegten Drähte oder Folien als elektrische Widerstandsheizkörper fungieren.

Hinterglasmalerei, Bemalung von transparentem Glas mit kalten Farben (s. Kaltmalerei) auf der dem Betrachter abgewandten Seite.

Hochschnitt, s. Schneiden.

Hohlglas, im Gegensatz zum Flachglas (s. dort) alle Glasformen, bei denen eine mehr oder minder starke Wand einen Hohlraum umgibt (Trinkgläser, Flaschen, Vasen, Laborgläser, Rohre usw.).

Humpen, hohes zylindrisches Trinkglas.

Hyalithglas, in der Masse schwarz gefärbtes Glas.

Irisieren, Verwitterungserscheinung an alten (z. B. ägyptischen oder römischen) Gläsern, die sich durch Schillern der Oberfläche in den Regenbogenfarben äussert; von Tiffany und andern vorsätzlich künstlich durch Behandeln der Glasoberfläche mit Metalloxiden erzeugt.

Kalknatronglas, älteste bekannte und weitest verbreitete Glasart, die neben Kieselsäure (s. dort) vor allem Kalk und — als Flussmittel – Natron oder Soda enthält.

Kaltmalerei, Bemalen von Gläsern mit Lack- oder Ölfarben, die nicht eingebrannt oder eingeschmolzen werden.

Kameenglas, Überfangglas (s. dort) aus zwei oder mehreren verschiedenfarbigen Schichten, von denen eine oder mehrere zur Erzeugung eines Dessins durch den kontrastierenden Untergrund bis auf diesen geschnitten sind.

Kameoglas, aufgebaut wie Kameenglas, mit dem Unterschied, dass der Schnitt durch Ätzen ersetzt ist.

Kammzugtechnik, vor- und frühantike Dekortechnik, bei der um das Glasobjekt gelegte noch plastisch-heisse Glasfäden mit einem speziellen Kamm girlandenartig ausgezogen wurden.

Kerntechnik, s. Sandkerntechnik.

Kieselsäure, Siliciumdioxid, Grundmaterial des Glases, aus Sand, Quarzkieseln oder Flint gewonnen.

Kobaltgläser, mit Kobaltschmelze (sog. «Schmalte») in der Masse blau gefärbte oder glasierte Glasobjekte.

Krautstrunk, mit zahlreichen Nuppen (s. dort) besetzter, im Mittelalter in Mitteleuropa üblicher Becher, meist aus Waldglas (s. dort).

Kristallglas, bleioxidhaltiges klares Qualitätsglas, das sich u. a. durch besonders hohen Glanz auszeichnet.

Kronglas, Crownglas, optisches Glas mit geringer Lichtbrechung und geringer Farbzerstreuung.

Kuppa, der auf dem Schaft aufsitzende kelchförmige Teil eines Trinkglases.

Kutterolf, s. Guttrolf.

Laborglas, fast ausschliesslich Borosilicatglas (s. dort).

Lampe, «vor der Lampe» geformt heisst die freie Formgebung eines Glasobjekts (s. Freiblasen) aus Glasstäbchen oder -röhrchen in der Flamme eines Bunsenbrenners (früher auch einer Öllampe).

Latticino, klares Glas mit in Filigranmustern eingeschmolzenen Milchglasfäden.

Läuterung, zweite Phase im Glasschmelzprozess, während der unter Durchmischung Glasblasen aus der flüssigen Masse entwichen; folgt auf die Rauhschmelze (s. dort).

Libbey-Owens-Verfahren, von dem Amerikaner Colburn erfundenes und ab 1917 eingesetztes Verfahren der kontinuierlichen Flachglasproduktion direkt aus der Schmelze.

Lichtleitfasern, s. Glaskabel.

Lithyalinglas, in der Masse marmoriertes Glas, das Halbedelsteine imitieren soll.

Lüsterglas, Gläser mit irisierend (s. Irisieren) glänzender Oberfläche (durch Metallbedampfen) oder ebensolchem Überzug.

Maigelein, kleiner mittelalterlicher Becher, oft mit Rillen- oder Quaderdekor und meist aus Waldglas (s. dort) gefertigt.

Mehrschichtenglas, s. Überfangglas.

Milchglas, durch Zusatz von Zinnoxid opak gemachtes, weisses Glas; Porzellanersatz.

Millefiori, (italienisch für «Tausendblumen»), Glasdekorationstechnik, bei der dünn ausgezogene Glasfäden zunächst in Bündel zusammengeschmolzen und dann in Scheiben geschnitten in Klarglas eingebettet werden.

Mosaikgläser, s. Millefioriglas.

Netzbecher, s. Diatret.

Netzglas, s. Fadenglas.

Nodus, Verdickung am Schaft eines Trinkglases.

Nuppen, dicke, an der Aussenwand eines

Glasgegenstandes (meist an Trinkgläsern) angeschmolzene Glastropfen.

Obsidian, vulkanisches Naturglas.

Onyxglas, antikes Achatglas (s. dort).

Opalglas, opakes Glas mit Zusatz von Fluorverbindungen.

Ornamentglas, mit Hilfe von Prägewalzen mit einem Dekor versehenes Gussglas (s. dort).

Panzerglas, mindestens 25 mm starkes schlag- und/oder schussfestes Sicherheitsglas (s. dort).

Passglas, schlankes zylindrisches Trinkglas mit Füllmarken («Pässen»).

Pâte de verre, mehr zusammengesintertes als geschmolzenes Glas aus gemahlenen Scherben, Flussmittel und Farbpulver; besonders gern in der Art-Nouveau-Epoche zum Aufbau von Glaskunstobjekten gebraucht.

Pittsburgh-Verfahren, seit 1928 gebräuchliches, von der amerikanischen Pittsburgh Glass Company entwickeltes Verfahren zur kontinuierlichen Flachglasproduktion direkt aus der Schmelze.

Pokal, im Aufbau in Kuppa (s. dort), Schaft und Fuss dreigeteiltes Trinkglas.

Pressglas, in der Technik des Formpressens (s. dort) seit 1827 hergestelltes Glas.

Quarzglas, ausschliesslich aus Kieselsäure (s. dort) bestehendes Einkomponentenglas (s. dort) mit geringer Wärmedehnung, extremer Hitzebeständigkeit und extremer UV-Durchlässigkeit.

Rauhschmelze, erste Phase des Glasschmelzprozesses, dient in erster Linie dem Schmelzen selbst und der Homogenisierung der Masse (s. Läuterung und Abstehen).

Rohglas, 1) Gussglas (s. dort) mit glattgewalzter oder nur wenig gemusterter Oberfläche; 2) Glasobjekt vor dem Anbringen des Dekors durch Schnitt, Schliff usw.

Römer, Trinkglas mit halbkugeliger Kuppa (s. dort) und hohlem – ebenfalls befüllbarem – Schaft, mit niedrigem, meist spiralig aufgebautem Fuss.

Rubinglas, durch Gold- oder Kupferzusatz eingefärbtes Glas.

Rüsselbecher, schlanker Becher (vor allem des frühen Mittelalters) mit applizierten rüsselförmigen Gebilden.

Sandblasen, Mattieren der Glasoberfläche durch Sandstrahlen.

Sandkerntechnik, vor- und frühantike Technik der Hohlglasfertigung, bei der das geschmolzene Glas um einen Kern aus Lehm und Sand geformt wurde.

Schaumglas, als Schaum erstarrte Glasmasse mit grosser innerer Oberfläche, geeignet z. B. als Wärme- und Schalldämmstoff oder als verrottungsresistenter Schwimmkörper; ein natürliches Schaumglas ist der vulkanische Bims.

Schleifen, Dekorieren einer Glasoberfläche durch Zerlegen in einzelne Felder unterschiedlicher Grösse und/oder Tiefe.

Schmalte, Kobaltschmelze zum Blaufärben von Glasuren und Gläsern.

Schneiden, Dekorieren eines Glasobjektes mit dem (Kupfer-)Schneidrad unter Zuhilfenahme von Schmirgel; das Dekor wird entweder eingetieft (Tiefschnitt) oder auf dem weggeschnittenen Untergrund reliefartig stehengelassen (Hochschnitt).

Schutzgläser, Klasse der Flachgläser, die aufgrund speziellen Aufbaus oder spezieller Oberflächenbehandlung Wärme, UV-Strahlung, Schall, radioaktive Strahlung oder Festkörper ganz oder teilweise zurückweisen und/oder absorbieren.

Sicherheitsgläser, Klasse der Flachgläser, die aufgrund spezieller Eigenschaften ein besonderes Verhalten bei Unfällen (Zersplitterung in kleine Körner ohne scharfe Kanten oder Zusammenhalt durch eingelegte Folie), bei Brand (hohe Feuerfestigkeit, Aufschäumen bei Beflammung), bei mutwilligem Angriff (Schlag- und Schussfestigkeit) usw. aufweisen.

Siliciumdioxid, s. Kieselsäure.

Spechter, ursprünglich aus dem Spessart stammender hoher und schlanker Humpen (s. dort) mit Quadermusterung.

Steingläser, opake Farbgläser.

Tafelglas, s. Flachglas.

Tektit, Glasmeteorit, mit an Sicherheit grenzender Wahrscheinlichkeit von ehemaligem Mondvulkanismus stammend.

Textilglas, s. Glasfasern.

Tiefschnitt, s. Schneiden.

Transparentmalerei, Dekor aus transparenten Emailfarben (s. dort).

Trübungsmittel, fluorhaltige Stoffe (wie Flussspat), die die Glasmasse undurchsichtig machen.

Überfangglas, Mehrschichtenglas, Glasobjekt, das aus zwei oder mehr fest miteinander verschmolzenen Glasschichten meist verschiedener Farbe aufgebaut ist.

Uranglas, durch Zusatz von Uransalzen leuchtend gelbes oder grünes Glas.

Verbundglas, aus zwei oder mehreren Scheiben aufgebautes Sicherheitsglas (s. dort), meist Floatglas (s. dort), das als Zwischenlage(n) transparente Kunststofffolien besitzt.

Waldglas, grünlich gefärbtes Gebrauchsglas (s. Flaschenglas), wie es seit dem Mittelalter in mitteleuropäischen Glashütten («Waldglashütten») gefertigt wurde.

Wanne, Glasschmelzbehälter im Wannenofen; unterschieden werden Tageswannen, die jeden Tag neu mit Gemenge gefüllt werden und Dauerwannen für kontinuierliches Glasschmelzen.

Wirtschaftsglas, Gruppe von Gläsern, die im Alltag eine Rolle spielen (Flaschenglas, Behälterglas, Fensterglas usw.).

Zirkusgläser, römische mit circensischen Motiven dekorierte Trinkgläser.

Zwischengoldglas, zweilagiges Überfangglas (s. dort) mit zwischen den beiden Glasschichten eingelegten Gold- oder Silberfolien.

Glasgeschichte in Zahlen

um 4000 v. Chr.
Anfänge der Glasmacherei in Mesopotamien und Alexandrien; Glasperlen in Theben.

um 3500 v. Chr.
Erste nachweisbare Glasmacherzentren in Alexandrien und Theben; Verbreitung der Glasmacherkunst nach Phönizien, Palästina und Griechenland.

3. Jtsd. v. Chr.
Plastisch verarbeitete Glasperlen und Amulette.

um 1650 v. Chr.
Erfindung des Gussglases und des Schleifrades für die Glasbearbeitung.

17. Jh. v. Chr.
Älteste erhaltene Keilschrift-Tontafeln mit Glasmacher-Rezepturen, in Geheimschrift verfasst von Libalit-Marduk, dem Sohn eines babylonischen Priesters.

1500 v. Chr.
Sandkerntechnik; in Ägypten kunstvolle Glasdekorationstechniken (Kammzug, Überfang, Schleifen).

1450 v. Chr.
Becher und Schalen des Pharaos Thutmosis III.

1400 v. Chr.
Hohlgläser durch Aufspinnen von Glasfäden.

1375–1358 v. Chr.
In der Amarna-Zeit arbeiten in Ägypten zweistufige Schmelztiegel über offenem Feuer.

669–633 v. Chr.
Die Tontafeln Assurbanipals geben Arsen als

Glasreinigungs- und Zinnoxid als Glastrübungsmittel an.

500 v. Chr.
In der Latène-Zeit beherrschen die Kelten die Glasperlenfertigung (Oppidium bei Manching in Bayern).

um 300 v. Chr.
Glasgefässe in Indien.

um 206 v. Chr.
Glasgefässe in China.

1. Jh. v. Chr.
Erfindung der Glasmacherpfeife (und damit des Glasblasens) in Sidon, Phönizien; Entwicklung der wesentlichen (noch heute gebräuchlichen) Glasmacherwerkzeuge und der mehrteiligen Blasformen.

um 25
Einführung der Glasmacherkunst in Rom.

37–45
Gläserne Fensterscheiben und Wandverkleidungen (Glasplatten) in Rom und Pompeji.

45–68
Blütezeit der Glasmacherkunst in Rom.

79
Plinius d. Ä. gibt Braunstein als Glasentfärbungsmittel an.

1. Jh.
Ausbreitung der Glasmacherkunst nach Gallien, England, Spanien, Deutschland und Portugal.

100–300
Hoher Stand römischer Glashütten in Köln – Diatretgläser.

336
Kaiser Konstantin erhebt die Glasmacher zum privilegierten Stand und gewährt ihnen ewige Freiheit.

337
Ein Dekret Kaiser Konstantins von Byzanz macht die «Vitrarii» zu privilegierten Beschäftigten und befreit sie von allen Ämtern und Pflichten.

ab 350
Durch die Völkerwanderung bedingter Niedergang der Glasmacherkunst in Europa (mit Ausnahme von Byzanz).

450
Erstes farbloses durchsichtiges Glasfenster in der Hagia Sofia in Konstantinopel.

706
Glasmosaik in der Grossen Moschee in Damaskus.

795
Erstes farbiges durchsichtiges Glasfenster (Mosaikverglasung) in der Laterankirche in Rom.

800
Ornamentfenster mit Schwarzlotmalerei in Séry-les-Mézières (Frankreich).

803/850/895
Kirchliche Verbote der Verwendung gläserner Messkelche.

875
Neuerfindung und Anfänge der Glasmalerei nach der Antike.

um 900
Auf der Bodensee-Halbinsel Reichenau ist der Glasmaler-Mönch Mattheus Vitrearius aktiv.

um 950
Theophilus verfasst seine fundamentale Schrift über das Glasmachen: «Schedula diversarum artium».

9.–13. Jh.
In Mitteleuropa Glasherstellung in Kloster-Glashütten.

970–1170
Geschnittene Gläser in Kairo.

1000
Aufkommen der Glasmalerei im Kloster Tegernsee.

10./11. Jh.
Blütezeit der Lüstermalerei (auf Moschee-Ampeln) in Kairo.

1066
Der Abt Didier holt Glasmacher aus dem Orient nach Monte Cassino (Italien).

1100
Im Augsburger Dom wird das meisterhafte (noch heute erhaltene) Fünfprophetenfenster fertiggestellt.

1134
Bernhard von Clairvaux verbietet Farbfenster für den Zisterzienserorden.

1175
Erfindung des Spiegelglases in Deutschland.

1180
Erste Glasfenster in englischen Privathäusern.

12. Jh.
Blütezeit der islamischen Glaskunst.

13. Jh.
Blütezeit der Emailmalerei auf Glas in Aleppo, Damaskus und Raqqa unter den Mamelucken; Entstehung der nicht an die Kirche gebundenen Waldglashütten in Mitteleuropa; Export venezianischer Glasscherben nach Deutschland zur Alchemistengeräte-Herstellung.

12./13. Jh.
Blütezeit der venezianischen Glaskunst.

1268
Erste Glasmacher auf der Insel Murano (wegen der Feuergefahr von Venedig und Grado umgesiedelt); erste Glashütten in Deutschland.

um 1280
Syrische Hütten, in denen «fränkische» Glasmacher arbeiten, exportieren Gläser mit christlichen Motiven und Wappen.

1275/1282/1295
Ausfuhrverbot für venezianisches Scherbenglas, für Sand und Alaun; Auswanderungsverbot für venezianische Glasmacher; 1291 Erlass eines venezianischen Gesetzes: Auswanderung oder Verrat der Glasbläser-Geheimnisse wird mit Todesstrafe geahndet.

1300
Erste Glashütten in Frankreich.

um 1300
In Murano erstmalige Verwendung geschliffener Gläser als Brillen.

1303
Erste Glashütten in der Schweiz (bei Laufenburg).

1305
Erste Glashütte im Bayerischen Wald (Gründung des Klosters Tegernsee) im heutigen Ort Glashütt.

1317–1380
Syrische Glashütten exportieren emaillierte Gläser nach Venedig und vergoldete Gläser nach Anatolien.

1347/1355
Karl IV. verbietet das Glasmachen wegen der Brandgefahr und dem Raubbau am Holz im Nürnberger Reichswald.

14. Jh.
In der Normandie werden die Butzenscheiben entwickelt.

14./15. Jh.
Blütezeit der Kristallspiegelkunst in Flandern und Nürnberg.

1406
Zunftordnung der Spessarter Glasmacher.

1440
Erste Glashütten in England und Schottland.

1453
Byzantinische Glasmacher fliehen vor den Türken nach Venedig.

1474/1569
Venedig exportiert gläserne Moschee-Ampeln in den Orient (Damaskus/Istanbul).

1511
Eine Glashütte in Lyon fertigt erstmals Gläser in «venezianischer Art».

1530
In seinem Buch «De re metallica» zeigt Georg Agricola einen Glasofen.

1540/1556
Biringuccio und Agricola beschreiben glokkenförmige Glasschmelzöfen.
1562
Der lutherische Pfarrer Mathesius in Joachimsthal verfasst seine «Bergpostille» oder «Predigt vom Glasmachen».
1587–1629
Shah Abbâas in Isfahan begründet die Glasindustrie in Persien (Shiraz).
1612
Antonio Neri, Priester in Florenz, enthüllt in einem Buch die bis dahin streng gehüteten Geheimnisse der Zusammensetzung der venezianischen Gläser.
1615
Erster Schmelzofen mit Steinkohlenfeuerung in England.
um 1620
Wiedererfindung des in Vergessenheit geratenen Glasschnitts in Prag.
1630
Wiederaufnahme antiker Techniken (Millefiori- und Fadenglas) in Venedig.
1632
Sternwarte mit Teleskop in Leyden.
1644–1667
Der Venezianer Chardin berichtet über die persischen Glasmanufakturen.
1665
Beginn der Fabrikation von Glasspiegeln in Frankreich.
1668
Erfindung des Bleikristallglases in England.
1675
Der Engländer George Ravenscroft erfindet das bleihaltige Flintglas.
um 1680
Erfindung des Goldrubin- und Kupferrubinglases durch Johann Kunckel (Potsdam), Verfasser des ersten Standardwerkes der Glastechnologie.

1683
Michel Müller in Böhmen erfindet das farblose «Kreydtenglas» (Kreideglas).
Anf. 18. Jh.
Die Niederlassungsbewilligung von Glasmachern in der Schweiz wird mit der Befreiung von Steuern und Militärpflicht verbunden.
ab 1700
Schneller Verfall der Glasmacherkunst auf Murano zugunsten der Glasmacherei im Böhmer- und Bayerischen Wald.
1720
Böhmische Balusterpokale.
1745–1770
Kelchgläser mit eingestochenen Luftspiralen in England.
1762
Benjamin Franklin entwickelt die bereits 1742 in England und Irland bekannte Glasharfe zu einem perfekten Musikinstrument weiter.
1790
Erste Glashütte in Nordamerika.
1800
Erstes Pressglas in England und in den USA.
1816
Patent für Robert Stirling auf einen regenerativ beheizten Glasofen.
1840
Joseph Crosfield erfindet als Vorstufe des Wannenofens den sogenannten Flammofen.
1840/60
Erfindung des Achat-, Marmor- und Lythyalin-Glases («Steingläser») sowie der Rotätze (Eggermannrubin) und Gelbbeize (Silberglasur) in Böhmen.
1846
Erfindung der halbautomatischen Glasblasmaschine; Carl Zeiss gründet die Optischen Zeisswerke in Jena.
1857
Fr. Siemens baut in Berlin einen Glasofen mit Leuchtgasfeuerung.

1858
Fr. Siemens baut in Liesing bei Wien den ersten Wannenofen (mit Gasheizung).
1859
Britisches Patent auf eine Flaschenblasmaschine mit täglich 400 Stück Durchsatz.
1867
Fr. Siemens baut in Dresden die erste kontinuierlich arbeitende Glasschmelzwanne.
1872
Gründung der Glashütte «Annathal» in Zwiesel (Keimzelle der heutigen Schott-Zwiesel-Glaswerke).
1882
Abbe und Schott gründen die Glaswerke für optische Spezialgläser in Jena und entwickeln das «Jenaer Glas» (Borosilicatglas).
1884
Otto Schott entwickelt das erste Glas für messgenaue Thermometer.
1886
Erfindung des Glasblasautomaten in England.
1890
Schott entwickelt das erste temperaturbeständige Glas der Welt, das in Millionen von Gaslaternen Verwendung findet.
1891
Gründung der Glashütte Bülach AG in der Schweiz, der heute grössten und modernsten Verpackungsglasfabrik (Vetropack AG) in der Schweiz.
1893
Der Amerikaner Edward D. Libbey erfindet die Glasfasern (s. 1930).
1897
Flaschenblasmaschine von Boucher in Cognac (Frankreich) mit 120 Flaschen pro Stunde Durchsatz.
1898
Vollautomatische Glaspresse von W. J. Miller in Swissvale (USA).

1900/1935
Erfindung und Entwicklung der physikalischen und chemischen Glastechnologie durch Otto Schott und Ernst Abbe.
1907
Erfindung der vollautomatischen Flaschenblasmaschine in Amerika.
1909
Der französische Chemiker Edouard Benedictus erfindet das Sicherheits-Verbundglas.
1911
Unter der Bezeichnung «Fiolax» wird das erste Neutralglas für medizinische Ampullen patentiert.
1918
Emile Fourcault in Belgien und Irving Colburn in den USA entwickeln Verfahren zur kontinuierlichen Herstellung von Flachglas direkt aus der Schmelze.
1920
M. Owen in den USA entwickelt den ersten Vollautomaten zum maschinellen Blasen von 102 000 Flaschen pro Tag.
1930
Glasfasern werden erstmals kommerziell hergestellt (s. 1893).
1937
Erste Versuche, Schmelzöfen elektrisch zu heizen.
1938
Schott entwickelt das erste Interferenzfilter für die Herstellung weitgehend blendfreier Gläser.
1956
Entwicklung der ersten Maschine zum mechanischen Blasen von Trinkgläsern (sogenannte Zwieseler Technik).
1952
Die Schott-Glaswerke fertigen für das Atomforschungszentrum Cern in der Schweiz das grösste Blasenkammerfenster der Welt mit zwei Metern Durchmesser.

1952–1958
Der Engländer Alastair Pilkington entwickelt das Floatglasverfahren.

1955
In England wendet Dr. Narinda S. Kapany erstmals gläserne Lichtleitfasern zur Übertragung von Bildern an.

1966
Der US-Wissenschaftler Dr. Charles Kao verwendet erstmals Lichtleitfasern zur Übermittlung von Telefongesprächen.

1968
Die Schott-Glaswerke entwickeln das «Glas aus der Flasche», das statt aus der Schmelze bei niedrigen Temperaturen direkt aus der flüssigen Phase gewonnen wird und sich besonders zum Aufbringen dünner Glasschichten eignet.

1970
Als erstes maschinell geblasenes Bleikristall der Welt stellt Schott-Zwiesel die Garnitur «Melodia» vor.

1972
Schott entwickelt das erste hochbrechende Leichtgewichtsglas für Brillen.

1975
Schott giesst den schwersten je hergestellten Spiegelträger aus Glaskeramik (für das Calar-Alto-Observatorium bei Almeria in Spanien). Er wiegt 19 Tonnen und hat 3,6 Meter Durchmesser. – Schott liefert die grössten Glasrohre der Welt mit 1 m Durchmesser.

1984
Schott fertigt das weltgrösste optische Glasfilter (1 m Durchmesser, 400 kg).

1986
Für biotechnologische und medizintechnische Anwendungen entwickelt Schott ein poröses Spezialglas, von dem ein Gramm die (innere) Oberfläche eines Tennisplatzes hat. – Das dünnste maschinengezogene Flachglas der Welt (0,04 mm Stärke) und die kleinsten optischen Glaslinsen (0,8 mm Durchmesser) kommen ebenfalls aus dem Hause Schott.

Bildnachweis

AEG, Frankfurt:
Seiten 82, 83 oben und Mitte, 121

Ägyptisches Museum, Berlin:
Seite 22 links

Bildarchiv Paturi, Rodenbach:
Seiten 9, 10/11, 13, 16, 77, 91, 117 unten, 122
oben links und unten, 127

Gevetex Textilglas-GmbH, Aachen:
Seite 128

Kunstsammlung der Veste Coburg:
Seiten 53, 55

*Eva Maria Schmidt/Glasmuseum
Wertheim:*
Seiten 31 beide, 34, 35, 37, 40 alle, 57, 58, 71,
85, 86 beide, 87 rechts

Schott-Gruppe, Mainz/Zwiesel:
Umschlag, Seiten 7, 17, 20, 21, 22 rechts, 23, 24
beide, 30, 42, 44, 45, 48 beide, 51, 52 beide, 59,
61, 64 unten, 66 beide, 68 beide, 69, 74, 78
beide, 79, 80 alle, 81 beide, 83 unten, 88 beide,
90, 92 beide, 93, 95, 96 beide, 97, 98, 102 oben,
103, 104, 106, 107, 109, 110, 111 beide, 112, 113,
115, 116, 117 oben und Mitte, 118, 119, 120, 122
oben rechts, 123, 125, 131

Vetropack AG, Bülach:
Seiten 25, 27, 29, 32, 33, 47, 50, 64 oben, 70
alle, 72, 73, 75, 87 links

*Villeroy & Boch Keramische Werke KG,
Mettlach:*
Seite 65

*Werner-Weber-Stiftung/Eberhard Polatzek,
Rüschlikon:*
Seite 102 unten